SVEN BERTELSEN

ENTENDIENDO EL PROYECTO

Siete Ensayos sobre una Nueva
Gestión de Proyectos

SVEN BERTELSEN aps

ENTENDIENDO EL PROYECTO
© Sven Bertelsen 2015, 2017, 2018

La versión danesa publicada en 2015 por Lean Construction-DK
Lanzada con el apoyo de Realdania.
La versión en inglés fue publicada por Sven Bertelsen aps
Editor versión danesa: Poul Høegh Østergaard
Editor versión inglésa: Glenn Ballard
Editor versión alemán: Fritz Gehbauer
Editor versión español: Luis F. Alarcón
Portada y diseño: Claus Lynggaard
Composición tipográfica: Eames Century + House Gothic
1ra edición 2015 (en danés), 2017 (en inglés), 2018 (en alemán).
© 2018
Producción y publicación: Create Space
ISBN: 978-172241584-6

Contenido

Página de inicio: www.theunrulyproject.com

Prólogo del editor

Sven Bertelsen y yo hemos sido amigos cercanos desde 1999 cuando él empezó a participar en el Grupo Internacional para la Construcción sin Pérdidas (´International Group for Lean Construction´). Sin embargo, sus contribuciones teóricas y prácticas a la industria de la construcción comenzaron desde mucho antes, durante su carrera con la consultora danesa de ingeniería NIRAS. Sven a menudo enriquece la conversación y sus enseñanzas con historias de sus proyectos con NIRAS en Groenlandia, donde la barrera de la distancia inspiró una cultura de indagación, resolución de problemas y profundo respeto por las personas. Sven también ha sido un pilar de la experimentación en control de producción y logística durante la iniciativa ´Byggelogistick´ (Logística de Construcción) a principios de los años 90 y ha sido un guía para el Instituto de Construcción sin Pérdidas – Dinamarca, la primera filial internacional del Instituto de Construcción sin Pérdidas. Aunque su influencia se extiende mucho más allá de Dinamarca a la industria de la construcción en todo el mundo. Él es verdaderamente el ´gran anciano de la tribu´ cuyos ensayos han surgido de un enamoramiento con los proyectos. Este Prólogo es una guía para leer y aprender de sus reflexiones y rica experiencia.

*Algunas cosas sobre Sven que se debe tener
en cuenta al leer sus ensayos:*
Sven crea ideas - formas de ver el mundo que revelan nuevas oportunidades y. No es una persona que entra en detalles, él espera inspirar a los demás para llevar sus ideas a la práctica.

Sven es un profesional que reflexiona sobre su experiencia. No es un investigador, él tiende a comenzar por lo que ha visto y hecho en lugar de por la experiencia de otros.

Sin embargo, sus ideas se han relacionado exitosamente con conceptos clave y teorías de otros; incluyendo la teoría de sistemas adaptativos complejos, la teoría de producción, la teoría de transformación-flujo-valor (TFV), el sistema de planificación y control de producción el Último Planificador, y el concepto de cuellos de botella.

¿Cuáles son las ideas principales de Sven?.
Ante todo, él cree que los proyectos son complejos y que tendemos a subestimar seriamente cuán complejos son. La complejidad no puede ser manejada como se describe en los libros de texto de gestión de proyectos, sino más bien en la forma en que se amansa a un caballo no domesticado. El viaje siempre estará lleno de giros y vueltas, por lo que el jinete debe estar alerta y adaptarse. Debe esperar que el caballo sea rebelde, y no cometer el error de pensar que una vez fuera del establo, todo irá bien por sí solo.

La gestión de proyectos implica necesariamente administrar flujos de información, materiales, mano de obra, equipo, todo lo necesario para construir o edificar algo. Sin embargo, la gestión de estos flujos ha sido dejada de lado, pese a ser un asunto muy problemático. Esto se debe a que su potencial para crear turbulencia aún no está bien comprendido, mezclando metáforas diríamos que aumenta la probabilidad de que el caballo arroje al jinete.

Además de recomendar la atención a los cuellos de botella, una de las ideas de Sven es que exploremos el uso de conceptos y teorías de la hidráulica para profundizar nuestra comprensión de los flujos en los sistemas de producción de proyectos. Y a pesar del hecho de que los proyectos se crean para entregar algo valorado por los compradores, la generación de valor es algo que se ha dejado muy descuidado. Sven sugiere tener un administrador para el valor, uno para el flujo y uno para las operaciones. Pero enfatiza la necesidad de coordinarlos y equilibrarlos; es decir reconocer en qué dirección girar para alcanzar los objetivos del proyecto.

No se desanime

Sven comienza el libro con una descarga de artillería al pensamiento y práctica de gestión de proyectos. Parafraseándolo: ´no entendemos en absoluto qué es lo que nosotros, los gerentes de proyecto, estamos tratando de manejar.´. Al escuchar esto, el lector puede estar inclinado a pensar que administrar proyectos es inútil y que debería comenzar a buscar un nuevo trabajo. Pero no se desanime. Termine el libro y verá que cuando Sven plantea un problema, también ofrece sugerencias sobre cómo resolverlo. Puede que algunas de sus sugerencias le parezcan un poco inusuales. ¿Es probable que el estudio de hidráulica genere algo útil para la gestión de proyectos? Quizás sí o quizás no, pero detrás del razonamiento de Sven yace la gran idea de que nuestro pensamiento debería ser más aventurado y nuestra práctica más reflexiva.

La inclinación a ignorar sugerencias como la hidráulica es una cara de un riesgo que tiene dos aspectos. Desechar ideas 'locas' es un primer riesgo. El otro es ignorar esas sugerencias de Sven que pueden parecen de sentido común - no seleccione a los miembros del equipo del proyecto por el precio, involucre a los trabajadores directamente responsables en la gestión del proyecto, solo considere como exitosos a los proyectos que hayan generado valor a los clientes y a las otras partes interesadas cumpliendo con el costo, el plazo y otras condiciones de satisfacción. Eso puede ser de sentido común, pero ¿con qué frecuencia se hacen estas cosas?

La visión de Sven para una ciencia de proyectos

En sus notas finales, Sven llama a la creación de un centro para promover el estudio de proyectos de todo tipo, desde la construcción hasta las artes escénicas. Al igual que un caballo rebelde, su mente se adentra en terreno inexplorado, áreas con nuevos desafíos y oportunidades

Usted disfrutará de este libro; pero prepárese para una sacudida.

Berkeley abril de 2016
Glenn Ballard

El prólogo del autor

Me encantan los proyectos.

Para bien o para mal, los proyectos han sido una forma de vida para mí. No fueron menos los proyectos que estuvieron al límite y algunas veces un poco más allá, porque es allí donde, evidentemente, existen nuevas oportunidades para desafiar el pensamiento tradicional y las reglas - con el debido respeto al objetivo.

Mi larga vida con los proyectos me ha traído muchas buenas experiencias, pero también ha habido ocasionalmente proyectos que simplemente no lo hicieron. Proyectos traviesos empecé a llamarlos en danés a falta de un término mejor para lo que en español seria llamado un mal proyecto. Ese molesto proyecto, que es urgente, que una y otra vez se muestra impredecible, fuera de control, que destroza los planes cuidadosos y la tranquilidad del descanso nocturno.

Pero a través de los años llegué a entender que estos proyectos no eran malos en absoluto, no estaban tratando de llenar mi vida de problemas en un acto de mala voluntad, sino que se comportaron así porque yo no me había dado el tiempo para enseñarles a comportarse de otra manera. Tal como cuando tu perro no sigue tus órdenes, o tu caballo, o cuando tu hijo te saca de quicio.

Todos pueden mostrarse hiperactivos, pero en realidad rara, casi nunca, son malvados, son simplemente rebeldes.

Pero como criaturas nacidas para actuar civilizadamente también son domesticables si se entiende su naturaleza y se las trata acorde, y es de eso de lo que tratan estos ensayos.

Por lo tanto, estos ensayos son cartas de amor en las que trato de explicar la naturaleza de un proyecto rebelde para luego proporcionar una idea acerca de cómo tratarlo y entrenarlo para desarrollar el comportamiento amable y amigable, con el que todos soñamos.

Durante una larga vida, cada vez más y más, he tendido a ver a los proyectos como seres vivos a mí alrededor, de una forma similar como veo a mis mascotas, a mis hijos y, de hecho a toda mi familia.

Por la misma razón, me duele cuando veo cómo los proyectos en todas partes se descarrilan porque son malentendidos. O más bien, porque la gerencia no ha entendido la verdadera naturaleza del proyecto y, por lo tanto, están dirigiendo mal a estas queridas criaturas.

Una breve palabra sobre la versión en inglés de este libro: Traducir un texto hoy en día es simple, solo deja que Google lo haga. Pero esa es solo la manera fácil de hacer un texto legible, pero no la de hacer que un texto transmita su significado más profundo. Esto requiere una edición diligente que Glenn ha llevado a cabo. Durante ese proceso discutimos si debíamos mover el texto de su configuración danesa a una inglesa, pero decidimos no hacerlo. Los ensayos son pensamientos personales, y se basan en una vida de experiencias personales en la industria Danesa de proyectos y así debe ser para mantener su credibilidad.

Queda en manos de los lectores, de donde sea que ellos vengan, la adaptación de mis pensamientos para aplicarlos en sus propios contextos.

Introducción

Lo sabemos muy bien, y si no, ellos nos lo recuerdan una y otra vez, que realmente no tenemos a nuestros proyectos bajo control.

El escándalo diario es prácticamente su lema, ayer fue la tecnología de la información, hoy pueden ser nuevos trenes, equipos para el ejército o la fuerza aérea y mañana sin duda un gran proyecto de construcción. De hecho, especialmente la construcción está llena de proyectos que prácticamente fuera de control sacan chispas, tal como Kevin Kelly los llama en su muy entretenido libro del mismo nombre[1].

Probablemente haya pocas personas que se den cuenta de que tan grande es el rol que juega la producción por proyectos en nuestra economía. Ciertamente no estamos hablando de centavos.

Anualmente el PIB danés, en un país de aproximadamente 5 millones de habitantes, es de alrededor de 2.000 millones de Coronas, y difícilmente es completamente erróneo suponer que aproximadamente la mitad de esa cifra es atribuible directa o indirectamente a la realización de proyectos. Hasta donde sé, la cifra no está registrada en nuestras estadísticas, pero esta es una estimación sobria basada en una comparación de estados económicos, después de haber subcontratado la mayor parte de nuestra producción en masa hacia el este, la gran mayoría de nuestra producción doméstica tiene la naturaleza de producción por proyectos.

Solo por esta razón, uno pensaría que se canalizan grandes recursos a investigar, desarrollar y mejorar nuestro liderazgo de estos proyectos, y a nuestro manejo de los procesos que dañan esta producción basada en proyectos.

Sin embargo, este no es el caso en absoluto.

Estamos hablando de grandes números. Solo nuestro sector de la construcción representa, anualmente, alrededor de 175 mil millones de Coronas. Más aún, cuando se habla de los residuos que encontramos en toda la producción basada en proyectos, un tipo de proyectos que conozco de manera personal, y se afirma que un aumento de la productividad del diez por ciento es posible, estamos hablando de un gran impacto potencial en nuestro negocio, en nuestro proyecto y en nuestra economía nacional.

Un estudio australiano de 1992 mostró que una mejora de productividad del sector de la construcción del orden del 10% significaría una mejora del PIB de alrededor del 2.5%, esta mejora ajustada a la economía danesa equivaldría a 50 mil millones de Coronas. Este es el precio total para un año del programa danés de súper hospitales, actualmente en curso, y además con dinero para una mejor investigación y capacitación[2].

Pero ahora, al grano.

Estos ensayos han estado en preparación durante un largo tiempo. Son el resultado de un proyecto de desarrollo que comencé en el NIRAS a finales de 1980 - inspirado en el sistema de producción de Toyota y, no menos importante, en su sistema de logística ´Justo a Tiempo´, todo esto muy comentado en su momento. Sin embargo, aún mucho más importantes fueron los colegas reflexivos, y la inspiración del arquitecto Marius Kjeldsen (1924- 2004), quien por muchos años había sido y en ese momento todavía era, en el Ministerio de Vivienda, la fuerza impulsora detrás del desarrollo del proceso de edificación danés.

Hicimos el intento en el NIRAS con un grupo dedicados de colegas, con quienes laboramos en un proceso cotidiano de construcción para ver si esta logística de Toyota funcionaba, ¡y funcionó!.

Y resultó mucho mejor de lo que habíamos soñado, pero a pesar de un exhaustivo proceso de planificación, no terminábamos de entender porque. Habíamos terminado con una mejora en la productividad de aproximadamente del veinte por ciento, y con un gran número de otras mejoras, pero - en palabras de mí más tarde gurú japonés Shigeo Shingo - solo ´sabiendo cómo´ y apenas suficiente, tal vez solo con nuestro propio sentido común y muchos años de ex-

periencia en proyectos, pero ciertamente de ninguna forma
´sabiendo porqué´.

Y así fue como tuvo que ser. En pruebas posteriores algunos de nuestros entusiastas empleados, intentaron mejorar
nuestro muy simple sistema de control, una experiencia que
fue de mal en peor, hasta que el control fue introducido en su
sistema de información junto con   la programación, y luego
todo terminó completamente mal.

Finalmente todo fue abandonado y prácticamente olvidado[3, 4].

En 1999, sin embargo, me encontré con el concepto de Construcción sin Pérdidas, donde de repente encontré los mismos
pensamientos, y aquí si parecían funcionar. Ciertamente en
California, pero funcionaban. Sonja, mi esposa y compañera,
y yo viajamos de inmediato a Berkeley, donde por primera
vez conocimos a ´Los Tres Mosqueteros´, nombre con el que
luego los bauticé. Lauri Koskela, Glenn Ballard, Greg Howell
y sus familias se convirtieron en nuestros amigos personales
y desde entonces hemos mantenido contacto cercano.

Lauri Koskela es el pensador detrás de todo mi entendimiento. Lauri piensa, y a veces, piensa de tal manera que
pareciera que cruje, y es desde estas nuevas visiones que ángulos sorprendentes aparecen. ¿Quién más podría pensar en
abordar la metafísica del proyecto inspirado en Aristóteles?

Sus escritos, artículos y especialmente su teoría TFV, son
la base de mi comprensión de un proyecto rebelde, aunque
principalmente de mi descubrimiento de la importancia de
una buena teoría.

Glenn Ballard, es el hombre en la sala de máquinas. Él es
al mismo tiempo una gran inspiración, un activo corredor
de primera línea, y un practicante experimentado. Él es
el hombre que comenzó como ayudante de tubero en una
obra de construcción y se abrió camino hasta ser capataz y
luego superintendente mientras estudiaba ingeniería por las
noches. Más tarde, se convirtió en profesor con doctorado en

la Universidad de California, Berkeley.

Glenn es el hombre detrás del ´Último Planificador´, el sistema central detrás de la nueva forma de gestionar del proceso de construcción, es un investigador que constantemente está escudriñando en las esquinas y planteando las preguntas relevantes.

Es Glenn, quien me ha llevado a comprender la importancia del flujo en un proyecto.

Finalmente, estaba Greg Howell. Greg es ese tío que todos tenemos. Ingeniero, Oficial ´Seabee´ de la Marina de los EEUU y veterano de Vietnam, profesor y pensador. Greg y Yo pensamos de manera semejante sobre la gestión de proyectos en el sentido tradicional. Al igual que Lauri y Glenn, él aporta al juego nuevos enfoques para reflexionar, y por lo general sazonados con anécdotas de su propia y emocionante vida. Greg me hizo mirar a la teoría de la complejidad para explicar el comportamiento a menudo irracional de los proyectos.

Individualmente, son tres pensadores inspiradores, que en conjunto conforman un grupo único.

En este viaje a Berkeley para la séptima conferencia anual del ´International Group for Lean Construction –IGLC 7-´ (Grupo Internacional para la Construcción sin Pérdidas), encontré una nueva, diferente y más profunda comprensión del concepto de proyecto, especialmente en Lauri Koskela, quien presentó sus ideas sobre la teoría de Transformación-Flujo-Valor (TFV) para el proyecto. Fue Koskela quien me contó sobre el ingeniero de producción japonés Shigeo Shingo y sus ideas, que son en gran medida la base del sistema de producción Toyota.

También estaba el método de control el ´Último Planificador´, que Glenn Ballard había desarrollado con Greg Howell, y que para mayor confusión mía, era como nuestro Sistema de Logística de Construcción, pero tenía algo que ellos simplemente habían hecho funcionar. Los dos sistemas se parecían, pero en algún lugar tenía que haber una diferencia.

Me tomó algunos años encontrarlo, y no menos importante comprenderlo. Se trataba de la comprensión del concepto de flujo, el que claramente subyacía a su pensamiento y el que Lauri Koskela había puesto en práctica a través de su teoría TFV. Nosotros no teníamos esta idea en mente. Ellos habían logrado un gran avance a comparación nuestra, porque, en palabras de Shingo, no solo habían creado un ´saber cómo´, si no aún más importante, un ´saber porqué´. No totalmente completo, pero estaban en el camino correcto.

Mis nuevos amigos también habían encontrado un buen nombre para el método mental de Glenn: "El sistema de planificación y control de producción el Último Planificador" o coloquialmente el Último Planificador, y hablaban inglés, por lo tanto, podían ser entendidos en la mayor parte del mundo, por lo que fue Glenn quien merecidamente ganó la partida.

Y el Último Planificador ha sido exitoso. Hoy en día, el método a menudo es sinónimo de ´Construcción sin Pérdidas´, lo que es una simplificación excesiva. Y peor: El Último Planificador, debido a su éxito, ha sido adoptado con bien intencionadas 'mejoras', tal como vimos con nuestro Sistema de Logística de Construcción, sin embargo estas buenas intenciones pueden desdibujar la comprensión de su simple mensaje:

¡Crear confiabilidad!
O, en otras palabras:
Asegúrate de que las cosas pueden suceder, cuándo deberían suceder y entonces ellas sucederán.

El hombre en el frente de trabajo, el último planificador, suele ser el mejor ubicado para evaluar esta precondición en la agitada vida diaria del proyecto.

Posteriormente compruebe que las cosas realmente sucedieron según lo planeado, encuentre la causa raíz de cada falla y elimínela de inmediato.

En algún momento en este largo proceso, sentí la necesidad de apartarme de mi mentalidad, métodos y sistemas de consultor. Estas ideas sobre Construcción sin Pérdidas, son disruptivas en su simplicidad, y de ninguna manera hay algo malo con los métodos en sí. Sin embargo, cada vez parecen acercarse más y más a convertirse en una prescripción, que en cada proyecto se adorna con baratijas superficiales. Entonces, en palabras de Shingo, se está cambiando de un saber el porqué, a solo un saber cómo.

En mis siete ensayos, retomo este problema: El proyecto rebelde, un trabajo donde trato de construir una mejor comprensión sobre aquello con lo que estamos lidiando cuando lanzamos un proyecto.

Entonces, en las sabias palabras de Shigeo Shingo, una vez más, hay que crear un saber el porqué.

¿Y qué le voy a contar?.

En mi **PRIMER ENSAYO**, el proyecto caótico, formulo la pregunta fundamental referida a si sabemos de lo que estamos hablando cuando hablamos sobre un proyecto. Lauri Koskela señala el extraño hecho de que tenemos una gran cantidad de literatura sobre gestión de proyectos, pero sorprendentemente muy poco sobre producción basada en proyectos. ¿Deberíamos buscar aquí la explicación a esta situación?, el mismo Koskela responde esto con su teoría de Transformación-Flujo-Valor, que es fundamental para mi nueva comprensión del proyecto. Sin embargo, aquí me permito ajustar la teoría ligeramente para alinearla con el proyecto en la práctica, para profundizar un poco más y encontrar que hay bastantes aspectos de la naturaleza de un proyecto que no hemos investigado, y que por lo tanto no son parte de nuestro pensamiento, comprensión, organización y gestión.

Al mismo tiempo, me alejo de la comprensión clásica de un proyecto como un mecanismo de relojería newtoniano, y el caos comienza a acechar. Los planes dejan de cumplirse, y nosotros requerimos pensar otra vez.

Con este descubrimiento, en el **SEGUNDO ENSAYO** reviso de manera crítica la típica comprensión de un proyecto hoy en día, y por lo tanto, la gestión de un proyecto complejo y dinámico como un sistema ordenado, y lo que en este tipo de gestión se está perdiendo, a pesar de sus sofisticados sistemas de control.

Así establezco una comprensión nueva y más amplia de la naturaleza de un proyecto, y una base mucho más inspiradora para su gestión. Al mismo tiempo, examino el proyecto dinámico y sus fluctuaciones entre lo ordenado y lo caótico, y lo explico con una analogía a los dos estados del flujo del agua, según la ciencia hidráulica tan familiar para los ingenieros, laminar o turbulento. Y por muy renuentes que seamos a admitirlo como Gerentes de proyecto, los proyectos siempre funcionan mejor cuando se ubican en el límite entre estos dos estados, pero ¿Quién recuerda el número de Reynolds?

En mi **TERCER ENSAYO**, el proyecto fluido, me permito presentar una noción a menudo desagradable para muchos practicantes, la teoría. Aquí reviso brevemente algunas de las muchas teorías que tenemos disponibles en nuestro nuevo enfoque sobre la gestión de proyectos. Especialmente en ciencias de la ingeniería como la hidráulica, o la complejidad y también en la gestión. Nos guste o no, hay señales apuntando a que debemos aprender a mantener el equilibrio al borde del caos, si es que queremos administrar el proyecto correctamente. Y es aquí donde las ciencias sociales también entran al juego, porque en última instancia, el proyecto se trata de personas.

En el **CUARTO ENSAYO** sobre el proyecto complejo, muchos pueden pensar que ahora estoy completamente fuera de la pista. Pero no se preocupe, estoy parado en un terreno sólido cuando introduzco la complejidad y el caos en esta comprensión del proyecto.

En el **QUINTO ENSAYO** sobre el proyecto metodológico, retorno desde las teorías al proyecto rebelde y su rutina díaria, esbozo un nuevo enfoque para la gestión del proyecto, y lo abordo como si fuera un gran proyecto de construcción. No es una guía, tampoco un manual, únicamente se trata de consideraciones para utilizar la teoría en la práctica.

Esto me lleva al **SEXTO ENSAYO**, el proyecto independiente, donde se reflexiona sobre el liderazgo en el caos, aquí se involucran ideas de gestión procedentes de industrias completamente diferentes, tales como el arte de la guerra, donde como sabemos, algo inesperado siempre sucede.

Cuando se incorporan estas consideraciones es porque el proyecto rebelde, por naturaleza, se arriesga a salirse de control además del hecho de que no podemos mantenerlo estable solo con una gestión estricta. Si presionamos demasiado, nuestro número de Reynolds puede exceder el valor crítico y nuestro flujo se vuelve caótico.

La situación óptima siempre existirá al borde del caos, tal como ya se mencionó en el tercer ensayo.

EL SÉPTIMO ENSAYO sobre el proyecto vivo es una consecuencia difícilmente sorprendente de este nuevo enfoque para la gestión de proyectos: Dirigir un proyecto rebelde no trata sobre orden, disciplina, contratos, planes o sistemas, sino de crear confiabilidad y cooperación, y así poder acceder a un enorme aumento productividad, escondido en el proyecto mismo, para beneficio de todos los participantes.

Y aquí, se choca de una forma muy natural con algunas de las muchas barreras institucionales actuales y que están referidas al proyecto y su implementación.

Dicho todo esto ya sabríamos qué hacer, pero solo porque lo explico aquí, difícilmente sucederá así por sí solo, pese a que hay una tendencia emergente a nuestro alrededor. Aún hay mucho que no sabemos o que no logramos conectar con nuestro conocimiento. En mi camino, he vagado a través de mucha ciencia más allá del universo habitual del proyecto: hidráulica, teoría del control, teoría del caos, teoría de la producción, teoría de la gestión y el arte de la guerra, por nombrar algunos, en mis notas finales sugiero cómo todo este conocimiento podría aprovecharse para nuestro manejo diario del proyecto.

Los siete ensayos se basan principalmente en proyectos de construcción. No solo porque son los que más he visto en mis más de 50 años como ingeniero consultor, sino también porque las edificaciones y la construcción son un elemento clave en el desarrollo de nuestra sociedad. La amplitud de mi propia experiencia me permite ver un patrón general en los proyectos donde personalmente he visto los métodos de trabajo funcionar, patrón que abarca proyectos de construcción, de desarrollo de los sistemas de información y de construcción naval.

Los ensayos son, como lo dice la palabra, especulaciones personales. Aquí se los ha preparado a la luz de una vida de trabajo en proyectos, y por lo tanto podrían ser un poco colo-quiales, pero las anécdotas son una parte esencial de nuestra herencia, de nuestra retención de conocimientos y experiencia.

En otras palabras, esto no es ciencia, y los ensayos no han sido deliberadamente objeto de una revisión científica formal. Ellos son y serán mis reflexiones.

Para los lectores no familiarizados con La Construcción sin Pérdidas, he creado una página web para el libro, donde subiré los trabajos a los que hago referencia junto con una introducción a mi propia comprensión de este concepto y probablemente también publicaré comentarios complement-arios ya que estamos ante un desarrollo dinámico.

www.theunrulyproject.com

1) La historia completa está totalmente narrada en Bertelsen, S (1993, 1994), Byggelogistik-material management of the construction process Vol I, and II, Ministerio de Vivienda (en Danés)

2) Bertelsen, S. and Nielsen, J (1997), Just-in-Time Logistics in the Supply of Building Materials. 1st International Conference on Construciton Industry Development, Singapore

3) La historia completa se publicó en: Bertelsen, S (1993, 1994): Byggelogistik - material management in the construction process Vol. I and II, the Ministry of Housing (In Danish)

4) Bertelsen, S and Nielsen, J (1997): Just-In-Time Logistics in the Supply of Building Materials. 1st International Conference on Construction Industry Development, Singapore.

El proyecto caótico

Una pregunta clave, ¿sabemos de qué estamos hablando?

UNO DE MIS CLIENTES, un constructor experimentado, dijo espontáneamente hace algunos años, en medio de la reforma del aseguramiento de calidad: *Nunca habíamos tenido tanto aseguramiento de calidad en la construcción y tan mala calidad.*

De manera similar, hoy podemos decir que, nunca tuvimos tanta gestión y tantos proyectos saliéndose de control. Se puede ver en todos lados, y cada vez más seguido, aunque estas historias no se cuentan. Y no estoy hablando solo de construcción, de los proyectos más visibles, sino también de los proyectos que a menudo pasan desapercibidos. Por ejemplo, cuando se trata de sistemas de información, pueden verse proyectos desbocados que nunca llegan a ser completados, y que deben abandonarse sin más resultados que un gasto inimaginable de millones. Sin embargo, en el caso de las construcciones la situación rara vez resulta tan mala.

Esta miserable situación a menudo se explica debido a que los proyectos son más complejos de lo que parece. Tal vez sea cierto, pero los proyectos siempre han sido complejos y, aunque pueden haberse tornado aún más complejos, también tenemos mejores herramientas para ayudarnos en su implementación. Ahora se tiene mucha más literatura sobre gestión de proyectos en forma de investigación, libros de texto, estándares, cursos de gestión, certificaciones, consultores de gestión y... De hecho, toda una nueva industria ha prosperado alrededor de un gran y sombrío cementerio de proyectos, donde nadie viene a poner flores, pero donde todos se apuran en tratar de olvidar.

Puede ser porque nuestros proyectos deben completarse más rápido, pero en 1931 la entonces torre más alta del mundo, el edificio ´Empire State´ se construyó en 13 meses, y todo el proyecto desde los primeros bocetos hasta la inauguración tomó 21 meses. Se manejaron materiales de todas partes, mármol de Italia, acero de Pennsylvania y un sitio de construcción con trabajadores inmigrantes no calificados de Europa y los indios Mohawk del norte de Nueva York, el edificio creció a un ritmo de un piso por día. Sin SMS o correos electrónicos; las llamadas telefónicas de estado a estado eran difíciles, y los planos tenían que ser tediosamente hechos a mano, impresos en un apestoso proceso con amoníaco y enviados por correo en tren y en barco a largas distancias.

Y ahí está el edificio, así que sí somos capaces de gestionar proyectos.

Tal vez es más bien al revés: las herramientas nos hacen arrogantes, así que iniciamos proyectos cada vez más complejos y dinámicos, mientras que al mismo tiempo también desarrollamos sistemas de control complejos, que en realidad no controlan, y que a menudo solo agregan más complejidad. Y así creamos un círculo vicioso. Si es cierto que los proyectos son cada vez más complejos, entonces ¿por qué no nos enfocamos en la complejidad en sí misma?, ¿Tal vez no eliminándola, sino más bien reduciéndola sistemáticamente y, no menos importante, aceptándola, comprendiéndola y, haciéndola así más manejable? . Porque a la complejidad, hoy la encontramos en todas partes, y la comprensión de los sistemas complejos se ha convertido en una ciencia que realmente puede enseñarnos algo; una ciencia formalmente llamada Teoría de la complejidad y coloquialmente muy a menudo teoría del caos.

No estoy bromeando. Lo digo en serio; debemos detenernos a pensarlo todo nuevamente, y comenzar a entender cada proyecto como el sistema complejo que es y que siempre ha sido, y aprender de la teoría de la complejidad que en realidad trata con el caos, pero de una manera ordenada y lógica.

Es un gran desafío porque supone romper con un pensamiento de casi 500 años, y con una visión clásica, racional y científica de la realidad.

Estamos atascados en la visión del mundo del renacimiento

Muchos de los problemas con los que lidiamos a diario para lograr un buen proyecto, surgen simplemente porque nuestro modelo mental es incorrecto. Todos estamos -en nuestra parte del mundo- criados con la lógica y la visión racional el mundo surgida del Renacimiento, en la que se dice que todo puede ser explicado y entendido, solo si pensamos sistemáticamente.

Mi profesor de historia en la escuela estaba muy interesado en el Renacimiento, y sus inspiradoras descripciones todavía están muy arraigadas en mi memoria. Cómo la riqueza generada mediante el comercio, basada a su vez en el cálculo y la navegación, se originó en los países mediterráneos, y proporcionó incentivos para los grandes viajes de descubrimiento que trajeron a su vez más riqueza. Y cómo una ciencia cada vez más segura desafió la cosmovisión de la Iglesia y puso en orden la comprensión del universo, así la tierra ya no era más el centro del universo, sino el sol, las órbitas planetarias se explicaron mediante las leyes de Newton, desarrolladas a partir de las observaciones de Tyco Brahe y de las elipses de Johannes Kepler, y por último, pero no menos importante, cómo el arte de imprimir, la nueva y revolucionaria tecnología de comunicación de la época, generó una cooperación de largo alcance y un intercambio de ideas mucho más efectivo que antes.

El mundo se transformó en un mecanismo de relojería. En el cual, Si entendemos los detalles, también entenderemos el todo.

Evitare el arte, ya que no puedo afirmar que lo comprendo a cabalidad, sin embargo la perspectiva en la Última Cena de Leonardo Da Vinci fue probablemente también un análisis racional de nuestro mundo. Y algún tiempo después, lo fueron también los conciertos de Brandeburgo Johan Sebastian Bach, que para un ingeniero racional pueden sonar tan agradables como el sonido de una máquina bien engrasada, ordenada, rítmica y hermosa, siempre que el mecanismo de relojería sea su ideal, aunque esté infinitamente alejada del suave flujo de los tonos del Este.

¿Quizás aquí tenemos una explicación para el éxito de Toyota en la comprensión del flujo? El pensamiento alemán sobre el flujo de producción habla de 'takt' (ritmo de fabricación), algo que también está integrado en la línea de montaje de Ford, -y aparentemente también en el sistema de producción de Toyota. Pero mi impresión es que Toyota tiene una visión mucho más flexible del flujo, y su enfoque de los errores es decisivamente diferente. Toyota usa los errores para aprender, mientras que en Occidente a menudo se consideran pecados de la producción que deben ocultarse y rápidamente olvidarse. Solo piense en la rica experiencia que yace enterrada en la pila de proyectos de todos los tamaños que fallan cada año. ¿No sería razonable dedicar una milésima parte del costo del proyecto a los estudios post mortem a través de una evaluación sistemática de lo que aprendimos, y especialmente de lo aprendido en los proyectos que salieron mal? No a manera de crítica, sino más bien como parte de un humilde proceso de aprendizaje reconociendo que estábamos en el camino equivocado.

Se trata del encuentro entre dos visiones, cada una con una comprensión diferente del mundo. Probablemente se trata de la misma situación que vemos en dos culturas diferentes, el énfasis en operaciones eficientes en el Oeste, y el flujo confiable que parece ser el criterio en el Este.

El filósofo francés Pierre-Simon, marqués de Laplace (1749-1829) formuló las bases de la creencia occidental en la gestión de proyectos al decir:

"El estado actual del proyecto es, por supuesto, el resultado de lo que fue ayer. Si pensamos en una gestión de proyectos capaz de supervisar en cualquier momento a todos los participantes y comprender sus relaciones dentro y fuera del proyecto, esta sería una gestión capaz de mostrar, para el proyecto y todos sus participantes, la situación y actividad y la operación total en cualquier momento previo, hoy o mañana" [1]

¡Oigan! Aquí tenemos la descripción de una perfecta gestión de proyecto declarada más hace más de 250 años.

Aquí me he permitido no solo traducir las declaraciones de Laplace, sino también modernizar un poco el lenguaje con palabras de la vida de un proyecto. Pero el significado es claro: el mundo, y por lo tanto el proyecto, es como un mecanismo de relojería. Cuando todas las partes del piñón están en su lugar y engrasadas, funciona a la perfección y la gestión de proyectos puede, por así decirse, mover la manija hacia adelante y ver dónde estará en uno o dos meses, justo hasta la conclusión planeada.

Es esta visión mecanicista, en la que todo se puede predecir, la que nos condujo a la creencia actual en la planificación y la gestión, y no menos importante a creer que los planes se pueden cumplir, que a mi entender es el error fundamental en la gestión de proyectos hoy en día.

> *Los planes nunca se cumplen. ¡No porque sean malos planes sino porque en el mundo real no se los puede cumplir!*

El demonio está en los detalles

Pese a toda su lógica, De Laplace, había ignorado un pequeño detalle, tal como la mayoría de los pensadores de su tiempo.

Como las leyes de Newton eran simples, hermosas y podían fácilmente explicar el movimiento de la luna alrededor de la tierra y el movimiento de la tierra alrededor del sol, se supuso que, por supuesto, también deberían ser capaces de explicar todos los movimientos del universo con bellas ecuaciones. En otras palabras, el mundo podría ser explicado como un sistema matemático, donde tan solo se tendría que resolver las ecuaciones. Hay que admitir qué esto no fue tan fácil cuando el sol, la tierra y la luna se incluyeron en el sistema, pero entonces uno podría al menos, paso a paso, calcular las condiciones celestes, como dijo De Laplace. Laborioso pero lógico. Se sabía que la verdad autentica se debía encontrar en las ecuaciones no lineales halladas al ir de dos a tres cuerpos, es decir, el Sol, la Tierra y Luna en conjunto. Pero en la práctica este tipo de ecuaciones eran casi imposibles de resolver con los métodos y herramientas entonces disponibles, por lo que los científicos simplificaron el problema y asumieron que las pequeñas inexactitudes surgidas de ello apenas importaban, solo buscaban la visión del conjunto.

Y en general, parecía funcionar, y el mundo parecía predecible, aunque seguir los planes aún era difícil.

Cuando la mariposa trajo el caos devuelta

El meteorólogo estadounidense Edward Lorenz (1917-2008) estaba orgulloso de su nueva adquisición en el MIT en 1961: una computadora digital, ésta era algo nuevo y muy emocionante.

Fue en los años cuando estos 'cerebros electrónicos' escaparon de su hasta ahora cautiverio en laboratorios especiales y sótanos, y con transistores en su lugar de tubos y válvulas empezaron a desarrollarse rápidamente hacia las computadoras, tabletas y teléfonos móviles de hoy. Pero en ese momento eran magia. Ahora académicos ordinarios podrían escribir programas para estas máquinas en un idioma matemático comprensible, porque ingenieros visionarios ya habían escrito otros programas que podrían traducir este texto matemático en la gran cantidad de ceros y unos demandada por las máquinas: 10011101100011 etc. Ahora era

$$X_{t+1} := X + 10 * (Y - X)$$
$$Y_{t+1} := Y + X * (25 - Z)$$
$$Z_{t+1} := Z + X * Y - 8/3 * Z$$

Estas ecuaciones expresaban, en términos muy simplificados, el equilibrio en la atmósfera descrito por X, Y, y Z, y muestran cómo el estado del sistema será un paso hacia adelante en el tiempo. Aparentemente simple, sin embargo estas ecuaciones no podían ser resueltas de forma inmediata, porque, por así decirlo, ellas se están mordiendo las colas y por lo tanto, forman un sistema dinámico. Al avanzar un paso adelante hacia Xt+1, Y cambiará, lo mismo que Z, y como consecuencia X también estará cambiando.

Para los no matemáticos uno podría quizás explicar este sistema de elementos recíprocamente dependientes al expresar las ecuaciones a través de una historia sobre tres niños, Sanne, Tom y Sean jugando juntos. Básicamente, su situación es X, Y, y Z, pero supongamos que en las ecuaciones describen que la situación de Sanne cambia unas diez veces la diferencia entre la situación actual de Tom y la de Sean. Puede ser que Tom y Sean estén peleando por el columpio, lo que a su vez afecta la oportunidad de Sanne de columpiarse. La nueva situación de Tom surge del deseo de Sanne de utilizar el columpio, pero también está influenciada por la interferencia de Sean, y el propio Sean se ve afectado por la resistencia combinada de Sanne y Tom, aunque reducido por su propia resistencia.

Tal vez no esté formulado de una manera simple, ¿pero cuando es simple el juego turbulento de tres niños?

El fenómeno ha ocupado a los matemáticos durante siglos, pero durante muchos años ellos solo podían utilizar lápiz y papel, y no llegaron a ninguna parte. Por otra parte Edward Lorentz, -quien vio las ecuaciones como un modelo simple del sistema meteorológico- ahora disponía de una computadora y con su ayuda él esperaba calcular paso a paso el desarrollo del sistema. Podemos reconocer la idea de De Laplace: predecir el clima de mañana a partir del clima de hoy. Por supuesto, Lorenz sabía que no tenía todos los elementos en este simple modelo con tres ecuaciones, pero esperaba que las pequeñas imprecisiones se mantuvieran así, porque eran pequeñas e inocentes desde un principio, por lo que en una visión más amplia serían intrascendentes.

Cargó las fórmulas en la máquina, comprobó que se estaban ejecutando correctamente, se sentó y esperó. En esa época las computadoras eran mucho más lentas incluso que un móvil previo a los teléfonos inteligentes, por lo que el cálculo tomó tiempo. Igual de importante para el surgimiento de la teoría del caos fue el hecho de que la computadora de Lorenz generó su resultado mediante una máquina llamada teletipo, una máquina eléctrica de escribir, que imprimía los resultados en un rollo de papel.

Durante todo este tiempo, y mientras la máquina procesaba consistentemente las tres Ecuaciones, Lorenz, se fue en busca de una taza de café. Cuando regresó, el rollo de papel de la impresora se había agotado y se requería reponerlo antes de empezar nuevamente con los cálculos. Para tener una buena medición, él reinició la máquina no desde los últimos resultados a los que había llegado, sino que retrocedió un poco para crear una superposición sólida. Y luego comenzó de nuevo.

Grande fue su sorpresa, sin embargo, cuando la superposición no encajó, condición que rápidamente se hizo evidente. El pronóstico que su primera simulación había producido no mostraba los mismos resultados del nuevo pronóstico.

¡Que misterioso!, él había comenzado en el mismo punto de partida y con las mismas fórmulas y reglas, y, aun así, las dos simulaciones no avanzaron en paralelo. Lo que veía aquí no se debía ni a la naturaleza, ni a los humanos, sino solo a las matemáticas y las fórmulas, ¿Dónde estaba el error?

En la computadora, por supuesto, ésta lo habría engañado cuando la reinició después de haber cambiado el papel. Seguramente se habría guardado algunos decimales más en el extremo más alejado de los resultados con respecto a lo que se había mostrado en la impresión, así que Lorenz no había comenzado exactamente en el lugar en el que había llegado, sino con una desviación muy pequeña.

Lo que Lorenz había encontrado no era realmente nuevo, como los matemáticos que lo rodeaban sugerían con algún derecho. Su modelo, simple como era, había simulado lo que llamaban un sistema no lineal, que pertenecía a una clase de problemas cuya existencia ellos conocían bien, pero que en general habían dejado de abordar, porque eran muy difíciles de resolver. Uno los percibía como casos curiosos y en la práctica los aproximaba a los sistemas lineales que generaban ecuaciones con las que sí se podía trabajar.

La visión racional del mundo se quebró de nuevo, aunque hubo algunas voces escépticas. Lorenz escribió un artículo sobre su descubrimiento titulado: ¿Puede una mariposa batiendo sus alas en Brasil provocar un tornado en Texas? (2).

Sin embargo, no pudo publicar el artículo, entre los meteorólogos ni entre los matemáticos. Para los matemáticos era algo viejo; para los meteorólogos en cambio era algo demasiado nuevo.

Logró hacerlo solo diez años más tarde, aunque en realidad algunos matemáticos ya habían percibido el problema mucho antes:

Puede suceder que pequeñas diferencias en el punto de
partida provoquen grandes diferencias en el resultado final.
Los pequeños errores no permanecen pequeños, hacen que
la predicción se torne imposible.

De esta manera clara y precisa, el matemático francés Henri
Poincaré (1854-1912) enterró los fundamentos de la comprensión de De Laplace sobre planificación ya en 1882. Y eso fue lo
que Edward Lorenz redescubrió cuando fue por una taza de
café esa noche en 1961 en el MIT en Boston.
     ¡El Caos fue redescubierto!

Lorenz lo expresó así:

Dos estados, infinitamente cercanos el uno del otro, pueden
desarrollar dos estados completamente distintos - y en
cualquier sistema realista los errores parecen ser inevitables
- una predicción razonable para un estado futuro parece ser
imposible. ... Predicciones precisas [del clima] no parecen ser
posibles.

El proyecto

Seguramente muchos pensaron que todas estas nuevas ideas
son solo teoría. En situaciones de la vida real como la construcción con trabajadores fuertes y grandes maquinas amarillas,
con seguridad uno podría mantener las cosas bajo control,
aunque hubiese una que otra mariposa por aquí y por allá. Y de
esta forma la industria continuó como antes, y esa situación es
prácticamente la misma aún hoy, cincuenta años después.
     Si nos fijamos en la producción por proyectos de hoy en día,
todavía encontramos las ideas de Newton y de De Laplace. El
proyecto se puede planificar con un mayor o menor nivel de
detalle, por lo que hay un plan a seguir, uno que todos tratan
de ejecutar. El proyecto se considera como un mecanismo
de relojería, en el que todas las partes deben ser entendidas
y ejecutadas de acuerdo con el plan, y como consecuencia

el proyecto funcionará como se supone que debería hacerlo. En la construcción, el proyecto se divide en subcontratos, los cuales son delegados a subcontratistas, de quienes se espera que trabajen tal como el plan dice. Arquitectos, ingenieros, obreros y proveedores son seleccionados por el precio más bajo, con la expectativa lógica de que los precios más bajos de cada parte resultarán en un costo total más bajo.

Si de alguna forma el presupuesto se mantiene con todos los precios bajos y el proyecto se mueve tal cómo el plan predice ¿qué sucede entonces? Exactamente lo mismo que en la simulación de Lorenz: el proyecto no cumple con el plan.

Oops! Esto no es bueno, así que el plan se actualiza y estamos de nuevo al día. Se habla seriamente con los participantes involucrados y todos dicen "sí señor" y tratan de alinearse. Pero el clima se comporta como él quiere, y siempre habrá imprevistos y a menudo, sucederá algo impensado. Y una semana o dos después, el plan no encaja nuevamente. Entonces toda la novela se repite, aunque ahora con letras un poco más grandes. Nuevamente todo está alineado, el plan está actualizado y todo continúa, mientras que el dinero fluye fuera de la caja y el tiempo pasa.

Durante este proceso, nuevos y más avanzados sistemas de "control" serán puestos en operación, el proyecto se reorganizará y se reemplazarán los cargos clave, la montaña de papel crecerá y se celebrarán reuniones en todas partes, pero nada parece ayudar. A medida que el dinero se agota, el resultado final esperado se reduce, mientras que los precios presionan una vez más. Y el tiempo sigue pasando.

Todos discuten, lloran y cuestionan, pero esto rara vez ayuda.

Un proyecto rebelde tiene vida propia y los planes pueden decir lo que quieran, pero esto no le molestará ni un poquito al proyecto.

Los sistemas

En mi larga vida como gerente de proyectos conocí muchas de estas herramientas mágicas que deberían salvar el mundo y ayudar a mi proyecto a avanzar, y en las que yo creía – Desde el PERT de los años 60, que hoy está casi olvidado, su coetáneo el CPM que hoy sigue vivo y bien, en parte como MS Project aunque con distintos ropajes. En la programación, también hemos utilizado mapas de Gantt -generalmente llamados gráficos de barras-, y luego la nueva herramienta en la caja: La buena y vieja línea de balance, también conocida como Gestión Basada en Ubicación o simplemente Ciclograma, un método antiguo y comprobado para programar trenes de trabajo.

Los diagramas de barras y el CPM se basan en la simple suposición de que el proyecto consiste en una serie de tareas -operaciones, como las denominaré luego- que se realizarán en un orden específico para alcanzar este objetivo. Tal como una receta en un libro de cocina. PERT hace aparentemente lo mismo, pero con una diferencia pequeña y generalmente dejada de lado, PERT no se fija en las operaciones, sino en sus requisitos previos, y por lo tanto en su flujo. Aunque la mayoría ha pasado esto por alto, y hoy el método es probablemente solo historia.

El CPM tiene mucho más sentido porque está enfocado en las operaciones, es decir en los contratos, donde se puede decir que algo sucedió y el dinero fue gastado, y también estaban todos los sistemas de tecnología de la información que respaldaban el método. Sin embargo, todos pasaron por alto el hecho de que existen otros requisitos para que una operación se ejecute, mucho más que simplemente completar el trabajo anterior -por ejemplo, materiales, espacio y mano de obra-. Es aquí donde la Línea de Balance entró e interconectó estas tres cosas en el llamado Ciclograma, que hoy es considerado por muchos como el estado del arte en la gestión de proyectos.

Pero al profundizar en estas ideas, sigue siendo la comprensión del proyecto como una serie ordenada de operaciones la que reina. El mecanismo de relojería de Newton, aunque ahora con muñecas que se mueven por horas como torres de reloj Bávaras.

En la construcción, el proyecto avanza normalmente hacia adelante a través de este caos donde nadie parece tener el control, y el proyecto generalmente alcanza un final con un resultado utilizable. Rara vez es absolutamente el mejor, pero, sin embargo, utilizable, e incluso si se excedió el presupuesto y el resultado se retrasó, al menos se completó y se puso en uso.

En otros lugares, a menudo sucede que el proyecto finaliza sin ningún resultado útil. Termina porque ahora ya no nos molestamos más en seguir boxeando con él, y más aún hemos encontrado otra solución. Solo pregunte usted en el mundo de la tecnología de la información.

Nadie parece tomar a Lorenz en serio.

Si revisamos la mentalidad y las acciones de la gestión de proyectos, encontramos que, a pesar del término, el liderazgo no está dirigiendo el proyecto, solo gestiona planes y contratos con la esperanza de que, si todas las partes del mecanismo de relojería lo están haciendo como se debería, el reloj de la torre también deberá funcionar.

Lo cual raramente ocurre.

¿Esto realmente debe ser así?

Aquí es donde uno para y se pregunta si esto realmente debe ser así. ¿Deben los proyectos terminar como pesadillas para todos los involucrados, o al menos para algunos de los participantes?, ¿Un proyecto tiene que ser una guerra con numerosas víctimas y sufrimiento, de la cual solo unos pocos regresan satisfechos y orgullosos?, si es que alguno lo hace.

El proyecto de hoy es como una guerra. No contra un enemigo, sino contra lo inesperado, lo imprevisto y lo improbable.

Todo esto se puede cambiar, pero solo hasta cierto punto. Resolver este problema requiere que nos detengamos por completo y reconsideremos toda nuestra comprensión al respecto.

Hay algo fundamentalmente erróneo en nuestra comprensión del proyecto con el que lidiamos y asediamos, es como una criatura viviente, que no enderezará su curso y para comportarse como un reloj newtoniano, tal vez con algunos pequeños e inocentes errores.

Entonces, en lugar de corregir y mejorar -sin saber si mejoramos a través de estas correcciones- Es preferible lavar la pizarra y comenzar todo de nuevo, empezando con la hipótesis de que la comprensión prevaleciente del proyecto es inadecuada.

El proyecto no es para nada lo que Laplace, Newton y todo lo que los demás pensadores creyeron, tampoco como lo aprendimos en la escuela. Los sistemas complejos no son ordenados y predecibles como una máquina, en realidad son caóticos e impredecibles, tal como Niels Bohr cuando sorprendió a Albert Einstein al afirmarlo en su teoría cuántica, y como Lorenz lo descubrió con sus pronósticos del clima.

Así que detengámonos, y en lugar de luchar con esta criatura rebelde, tratemos de entender su naturaleza, antes de hablar sobre cómo podemos domarla.

Para decirlo brevemente, antes de continuar con mis pensamientos sobre el proyecto, su naturaleza y su gestión, creo que nuestra comprensión racional del proyecto y del mundo entero que lo rodea está mal. No solo un poco mal, sino más bien fundamentalmente equivocada, y esta comprensión errónea es como moho, que se extiende hacia arriba y hacia abajo y hacia los lados y a todo lo largo de nuestro manejo del proyecto.

Todo mientras nos sofocamos con la cantidad de proyectos descarrilados.

Ve y mira

Si usted se pone unas botas de goma, un casco de seguridad y sale a observar con sus propios ojos el desperdicio que se produce en cada proyecto de construcción todos los días, y la forma en que todo esto es aparentemente algo bastante natural, encontrará que solo un tercio del tiempo del trabajador se utiliza realmente para construir. Otro tercio se va en preparar el trabajo, y el último tercio esperándose va solamente en esperar.

Solamente el hecho, de que construimos solo durante un tercio del tiempo, debería hacernos parar, pensar de nuevo, entender al proyecto rebelde y encontrar nuevas formas de guiar toda su dinámica.

1) de Laplace, Pierre Simon: A Philosophical Essay on Probabilities (1814)

2) Edward, Lorenz. Predictability: Does the Flap of a Butterfly's Wings in Brazil Set Off a Tornado in Texas?. American Association for the Advancement of Science, Washington, DC (1972).

3) Poincare, Henri (1903): Science and Method

El proyecto dinámico

*Las fuerzas que trabajan
en el proyecto*

EN 1991, UN JOVEN INGENIERO FINLANDÉS Lauri Koskela hizo prácticamente casi las mismas preguntas que nos habíamos hecho en NIRAS algunos años antes, respecto a si es que el moderno sistema de producción japonés podría ser utilizado en la construcción.

Lauri Koskela era, y sigue siendo, un investigador, que en ese momento estudiaba en la Universidad de Stanford en California, por lo que el resultado de sus reflexiones fue un breve análisis escrito en 1992[1] y posteriormente una innovadora Tesis doctoral el año 2000[2]. En estos trabajos, señaló que, aunque existía mucha teoría sobre la producción en masa, la producción de proyectos había sido significativamente muy poco estudiada. De hecho, no había una teoría general subyacente para lo que era un proyecto y en consecuencia, para cómo debería gestionarse. Muy notable en vista de la gran cantidad de literatura sobre gestión de proyectos que ya existía en ese momento.

Koskela revisó cómo la comprensión del concepto de producción en la industria manufacturera se había desarrollado desde los días de Adam Schmidt y Frederick Taylor, y descubrió que aproximadamente había ocurrido en tres fases. Originalmente, la producción se había visto como series de pasos -transformaciones- donde los materiales cambiaban de forma y gradualmente crecían en valor hasta llegar al producto terminado. Luego vino el entendimiento de que la producción también debía verse como un flujo, donde el producto se movía a través del sistema de producción en una cadena continua de transformaciones, inspecciones, transportes y esperas. Estos cuatro tipos de operaciones generaban costos, pero solo las transformaciones contribuían al valor del producto.

Fue con esta misma comprensión que Shingo había afirmado que existían dos tipos de actividades de producción: Las que agregaban valor y los desperdicios. Algún desperdicio era quizás necesario, afirmó Shingo, pero de todas formas se trataba de un desperdicio y todos los residuos deberían eliminarse del proceso si es que se quería hacerlo más eficaz. Esta fue la base de la producción eficiente de Toyota, donde el flujo y la reducción de desperdicio son las claves.

Finalmente, hacia el final del siglo 20 llegó un tercer descubrimiento, la producción es también una creación de valor. Si no genera ningún valor, la producción es en sí misma solo una pérdida.

Koskela utilizó estos argumentos lógicos como base para una nueva comprensión del proyecto, conocida hoy como teoría de Transformación-Flujo-Valor o teoría TFV.

Este fue un descubrimiento clave para el desarrollo de una nueva y mejor forma de gestión de proyectos, conocida como *Construcción sin Pérdidas*.

Koskela eligió por razones históricas mantener la palabra Transformación, donde el término de Shingo Operación es mi opinión mejor desde una perspectiva de producción. Con el término operación, podemos distinguir las actividades que no agregan valor tales como inspección, espera y transporte, que también son elementos del proceso. Y como la creación de valor es obviamente lo más importante del proyecto, aquí la he renombrado como: La teoría de Valor-Flujo-Operación o la teoría de VFO.

Hasta ahora, la gestión de proyectos solo se había fijado en la secuencia ordenada de tareas - transformaciones, actividades, operaciones, intercambios o como sea que las denomine. Ahora, de repente, tanto el flujo como el valor se convirtieron en el centro de atención, y en conjunto terminaron siendo un modelo atractivo.

El eterno triángulo del proyecto cayó en su sitial, y emergió un fundamento completamente nuevo para la gestión del proyecto.

El eterno triángulo del proyecto

El proyecto se desarrolla en la intersección entre crear el valor deseado, hacerlo en el momento adecuado y hacerlo dentro de un límite económico. Estos tres aspectos siempre tienen entre ellos cierto grado de conflicto, lo que naturalmente ha llevado al hecho de que deben ser comprendidos, monitoreados y gestionados por separado, pero al mismo tiempo como un todo coordinado.

Necesitas saber qué botón presionar cuando haces un ajuste, y saber cómo esto afecta los otros dos parámetros. Este dilema no es nuevo, pero ahora se tiene un enfoque lógico para abordarlo.

Valor

Con el enfoque VFO, inmediatamente queda claro a dónde pertenece el valor. Entender y gestionar del concepto de valor es, en mi opinión, probablemente y por lejos lo más difícil de lograr durante un proyecto, especialmente porque no poseemos una medida objetiva de valor, de la misma manera en que no tenemos una medida para la belleza. En la construcción, hay una ciencia completa sobre este tema, nos referimos a la arquitectura con sus propias universidades e investigación. La definición clásica de arquitectura a menudo tiene su origen en Architectura[3], la obra maestra del arquitecto e ingeniero romano Vitruvio donde se define a Utilitas, Venustas y Firmitas - Utilidad, Belleza y Durabilidad, como las perspectivas bajo las cuales la arquitectura debe evaluarse. Interpreto estas perspectivas como la medida en la que los usuarios piensan en la utilidad, cómo el mundo -es decir todos nosotros- ve la belleza, y cómo el dueño mira la durabilidad.

Pero eso no es todo. Cuando llegamos al proyecto también existe un ´elemento tiempo´ en el valor. Desde este ángulo se puede tener una perspectiva de valor mientras se efectúa el proyecto, una segunda perspectiva cuando se lo ha terminado y el resultado se pone en marcha, y finalmente una tercera perspectiva para la posteridad.

Especialmente en Europa tenemos una predilección por conservar y renovar nuestras casas y mantener nuestras ciudades. Pero ¿Cuándo deberíamos preservar y cuando deberíamos demoler y construir de nuevo? De hecho, esto es equilibrar el valor entre modernismo y patrimonio arquitectónico.

Otros proyectos pueden tener diferentes ponderaciones entre las partes interesadas y los tres aspectos del tiempo, pero como yo lo veo siempre hay nueve perspectivas en todos los tipos de proyectos en los que puedo pensar, desde la guerra, pasando por el cambio de una organización, el desarrollo de un sistema de información, la construcción naval o la construcción.

Las tres partes interesadas siempre estarán allí, y las tres perspectivas de tiempo también, así es la vida.

Aunque hay una trampa escondida aquí. Estamos lidiando con dos tipos de valor muy diferentes. Cuando el agente de bienes raíces piensa en el valor de una casa se refiere a su precio de cotización, mientras que el propietario puede tener ideas completamente diferentes; algo que podríamos dentar como el valor de usuario. Este puede incluir buenos vecinos, los niños, compañeros de juego o un árbol de manzana particularmente bueno en el patio trasero, algo que a menudo es difícil de formular e imposible de explicar, y mucho menos ponerle precio durante la venta.

Más teóricamente, uno puede hablar del Valor en uso y del Valor en la transacción, es decir, el valor funcional y el valor de mercado, y es aquí donde diariamente experimentamos un problema

En la última gran iniciativa del Ministerio de Vivienda danés (1947 - 2001), el Proyecto Hogar, el joven secretario del Ministerio Gert Vig sugirió un titular de periódico provocador, *doble valor por la mitad del precio*, y desafió así a todas ramas de la industria de la construcción para participar en un replanteamiento del proceso de construcción. Eran años de optimismo, y fue fácil establecer los diez grupos de trabajo, que formularon el programa para un esfuerzo de desarrollo de 10 años, especialmente impulsado por el subsidio de proyectos de vivienda, justo en la misma forma en la que el sector de la vivienda social había sido el motor de la industrialización después de la Segunda Guerra Mundial -y que en ese entonces mostró su capacidad para aumentar enormemente la productividad, mejorar la calidad y hacer económicamente posible que un trabajador no calificado se mudara con su familia a una de estas casas modernas en que él mismo había construido.

El Ministerio de Vivienda tenía una visión y el respaldo de una sólida historia.

Y así comenzó. Durante más de un año, cerca de 150 líderes de todas las ramas de la industria, trabajaron a dedicación exclusiva, determinados a vencer este desafío para repensar el proceso de construcción.

Sin embargo, y casi desde el primer día, el proceso se encontró con el problema de definir qué es valor, por lo menos no se trató de definir doble valor, algo que no había sido abordado de antemano. Donde la intención desde el principio probablemente había sido el valor en uso, un agente inmobiliario importante la convirtió en valor de mercado, y así mucha creatividad se perdió.

Posteriormente se hicieron varios intentos para retomar el tema, sin embargo en la práctica, aún no logro ver una gestión de valor durante todo el ciclo de vida del proyecto.

Flujo

Sin embargo, en otro grupo del Proyecto Hogar, ocurrieron muchas cosas, siendo no menor lo que ocurrió en el grupo de trabajo de procesos industrializados. Aquí el director en jefe Peter Henningsen de Højgaard & Schultz, estaba familiarizado con la experiencia del sistema Logística de Construcción y con el trabajo de NIRAS en este campo, y además nos habíamos encontrado el Ultimo Planificador, un método de la Construcción sin Pérdidas. Juntos implementamos una prueba en un extenso proyecto de vivienda, Charlottehaven en Østerbro en Copenhague, e hicimos un trato para que NIRAS los ayudara basado en una lógica de ´si no funciona, no se paga´, donde básicamente no habría remuneración si el método no funcionaba, pero a su vez podríamos ganar hasta el doble de la tarifa normal si el método funcionaba tan bien como nosotros sosteníamos.

Y así empezamos, y para el asombro de todos, incluido el nuestro, el método funcionó desde el primer día. Se negoció una posible demora, ambos equipos, subcontratistas y el contratista general, hicieron dinero; y el cliente, un experimentado desarrollador internacional, quedó profundamente impresionado. Todo el mundo estaba contento y fue con una sonrisa que pagaron nuestra tarifa doble.

Las operaciones estuvieron ahí todo el tiempo

Las operaciones han sido siempre un concepto conocido. Ellas describen las tareas del proyecto efectuadas por cada participante - en la construcción el albañil, el carpintero, el gasfitero, el pintor... Cada uno hace su parte en el proyecto, y en conjunto estas partes crean la casa terminada, la cual a su vez se espera que esté a la altura de las expectativas del cliente en cuanto a valor. Es en ellas también donde el dinero fluye, a cada participante se le paga bien tanto por su trabajo, como por la entrega de materiales y por el uso de equipos. Esta mentalidad orientada a las transacciones fue la base para la gestión de proyectos en sistemas como el CPM.

Lo nuevo fué el flujo

Mientras que el valor no era visto como un nuevo elemento real en la gestión de proyectos - la arquitectura era después de todo una disciplina clásica en la construcción y las operaciones era lo que siempre se había controlado - la percepción del proceso como un flujo proporcionó sorprendentes nuevas ideas. Y es aquí donde encontramos la novedad decisiva de La Construcción sin Pérdidas -tal y como se encontró con Toyota muchos años atrás.

Aquí de manera crucial nos desviamos bastante del enfoque clásico de la gestión basado en tareas individuales y en su lugar comenzamos a mirar al contexto. No el ímpetu en el trabajo del albañil, sino a lo que él podía 'liberar' como trabajo terminado para que el carpintero pueda trabajar. La confiabilidad se convirtió en un problema con un significado completamente nuevo. Pasar de una actividad a otra, ya no era una cuestión de 'casi'. El trabajo estaba listo para empezar la próxima actividad, o no lo estaba. Casi listo significaba que no estaba listo, justo como en los juegos de pelota rápida como el baloncesto en el que sólo el pase exacto cuenta.

Ahora la construcción ya no era una simple suma de operaciones de trabajadores individuales, sino más bien era un trabajo en equipo donde la habilidad para cumplir con su propio trabajo era obvia, pero su interacción con otras cuadrillas era la clave. En el trabajo diario surgieron conceptos como 'listo' y 'listo, listo' como una señal de que la cuadrilla que estaba efectuando la tarea, ya tenía el trabajo ´listo´ y por otro lado la cuadrilla receptora que declaraba el trabajo ´listo, listo´, en cuanto el resultado era recibido y aprobado, es decir la próxima operación podía comenzar de inmediato, si es que las otras precondiciones también estaban en orden.

Esta mentalidad llevó de una forma natural a la delegación, ya que en la práctica es sólo el hombre en el frente de trabajo, el próximo trabajador experto quien puede determinar si es que el trabajo está completamente finalizado, de forma que él pueda comenzar inmediatamente el suyo. Esta condición condujo naturalmente a la colaboración y la coordinación en los niveles jerárquicos más bajos.

Las ciencias sociales se convirtieron en el foco.

De esta forma la mentalidad de flujo, naturalmente, dio lugar a una nueva forma de gestión, en la que una pieza de trabajo no se iniciaba porque el plan decía que debería, sino cuando los mismos trabajadores estaban convencidos de que todo estaba listo -cuando el trabajo previo realmente estaba totalmente listo-listo.

Esta comprensión trasladó el foco desde el trabajo previo al flujo total de requisitos para iniciar una tarea. Después de comprender el flujo ya no bastaba con que el albañil hubiese terminado. El lugar también tenía que estar limpio y tener suficiente espacio para realizar el siguiente trabajo, se debía tener los planos -los importantes- actualizados a la última versión y el carpintero debía estar preparado, tener las habilidades, el equipo y los materiales necesarios. Finalmente, todas las restricciones externas -aprobaciones, el clima y todo ese tipo de requisitos- debían estar en orden. En total, siete diferentes grupos de requisitos: trabajo previo, espacio, información, trabajadores, equipamiento, materiales y condiciones externas debían estar disponibles -todas en la obra y terminadas- antes de que el trabajo pueda comenzar. A esta situación se le llamaba tener una tarea factible.

Es obvio que la duración de una tarea es incierta si uno o varios de sus requisitos no están listos. Sin embargo, la forma clásica de planificación y control se basa en el principio de que un plan sólido se prepara solo con suposiciones acerca de la secuencia y la duración de cada tarea. Y luego en el supuesto de que usted cumplirá este plan, tal como los trenes cumplen con su horario.

Sin embargo, diversos estudios han demostrado, que esto no sucede en realidad. Cada uno de los siete tipos de flujo representa a muchos otros flujos individuales en los proyectos de construcción, probablemente alrededor de cincuenta en promedio para cada tarea, esto significa que sólo un pequeño cambio debería ocurrir antes de que la tarea se torne no factible. En condiciones normales, se cree que incluso en el proyecto más controlado, solo es posible alcanzar una probabilidad promedio de 95% para cada una de las siete categorías, lo que significa que la probabilidad de su factibilidad -que se cumplan todas las suposiciones- raramente estará sobre el 70%. En un proyecto normal, bien organizado y administrado, la confiabilidad se encuentra probablemente cercana al 90% para cada uno de los siete flujos, lo que resulta en tareas con una factibilidad de aproximadamente 50%. Esta incertidumbre se puede observar en el plan de trabajo semanal, que tiene una confiabilidad de al alrededor de 50%. Observar esta situación no es común, y en todo caso sería raro que alguien esté reflexionando sobre toda esta incertidumbre y haga algo al respecto

Todo el mundo cree que el proyecto va a seguir el plan, tendría que hacerlo, solo que no lo hace. Y por el contrario, una y otra vez aparecen nuevos, sorprendentes e inesperados problemas. La verdad es que los planes nunca se cumplen. No porque sean malos, sino porque ¡no se pueden cumplir!

Esto no se debe a que el plan sea malo, simplemente es que el proyecto quiere hacerlo a su modo, tal como un muchachito rebelde.

Pero la comprensión del flujo proporciona mucho más que un énfasis en los entregables del proceso. También abre la puerta a todo un nuevo universo para la comprensión del flujo basado en el uso de la hidráulica

Hidráulica

La hidráulica es la ciencia de la ingeniería de fluidos, muchos de sus conceptos pueden, con cierta precaución, utilizarse en otras formas de flujo y por tanto también en el flujo de trabajo. Uno de estos conceptos es la Mecánica de Fluidos.

Toyota precozmente demostró la importancia del flujo al mover sus ojos de las operaciones a este. Para que el flujo en su producción fuese eficaz pese a todo el flujo secundario que obviamente existía, todo el sistema de producción debía ser confiable. Ellos ya habían lidiado con la variabilidad inherente a través de buffers(inventarios para amortiguar) de piezas de repuesto, acumuladas en la línea de montaje para continuar funcionando incluso si un error ocurría, pero eliminaron todas esas pequeñas reservas y en su lugar se concentraron en la confiabilidad. Las cosas simplemente tenían que estar en orden - de lo contrario la línea de montaje se detendría.

Dios mío, la línea de montaje nunca debe parar, ese era el lema de la fabricación de automóviles, pero en Toyota si se podía parar. Porque si había un error, la causa raíz debía ser encontrada y eliminada, para que este error no vuelva a ocurrir nunca. Sólo de esta manera vamos a estar libres de errores, había aclarado Shingo.

Así lo hicieron, ¡y tuvieron éxito!

Siempre hay un cuello de botella en algún lugar

Con toda esta charla sobre el flujo, Glen Ballard al principio de nuestra relación atrajo mi atención a Elihaou Goldratt (1947-2011) y su *teoría de las restricciones*, la teoría de los cuellos de botella.

La palabra clave de Goldratt es *Throughput* (rendimiento), es decir la cantidad de trabajo terminado que genera el sistema de producción para los clientes que pagan por ello. Esta es una consideración solamente basada en beneficios:

¿Cuánto dinero ganamos como resultado de lo que hacemos? Una mentalidad de flujo, clara y precisa.

Pese a ello, él cuestionó: ¿Por qué no tenemos un throughput mayor

? - y encontró la respuesta en la forma de un cuello de botella en el sistema.

En su primer libro sobre el tema, el cuello de botella resultó ser un robot para mejorar la eficiencia de algunas de las operaciones. Pero el robot había sido una gran inversión y por lo tanto se debía utilizar de manera óptima. Esto significó tener en todo momento tareas listas para el robot, y que las variaciones causaran inevitablemente una cola que frenaba el flujo - reduciendo de esta forma el throughput.

La eficiencia aumentaba localmente, pero el throughput y la productividad - y por lo tanto las ganancias - caían.

Esto es difícil de entender si uno mira a la mejora de la productividad como una suma de muchos pasos pequeños y eficaces. Porque las mejoras de productividad son creadas mejorando el flujo y no por muchos ahorros pequeños y locales, un malentendido que encuentro frecuentemente en las empresas dedicadas a los proyectos.

El sistema contable, por ejemplo, considera a los mandos medios como un gasto y es aquí donde las empresas se esfuerzan por ahorrar. Sin embargo una buena gestión en este nivel es una condición clave para obtener un flujo confiable, ya que estos gerentes son los que se deben dedicar a asegurar que los paquetes de trabajo sean factibles. Pero por ahora están sobrepasados e invierten la mayor parte de su tiempo "apagando incendios" y por tanto no están preparando las próximas tareas, lo que a su vez causaran nuevos problemas.

Y durante todo ese tiempo algo se encuentra en espera de personas y máquinas, la eficiencia cae, la productividad se desploma y el retraso finalmente debe ser recuperado acelerando de manera forzada y con altos costes adicionales.

No se pueden ahorrar para una ganancia.

El cuello de botella es el que determina la intensidad del flujo - y por lo tanto el throughput y la productividad de todo el proceso, ¡generando finalmente ganancias!

¡Hola! ¿Es realmente así de simple?

Sí y no, pero en principio lo es. Cuando reconocemos que, en promedio, sólo un tercio de las horas de trabajo en un sitio de construcción están creando valor, debe haber mucha capacidad que puede ser aprovechada al aumentar la confiabilidad y asegurar que las tareas sean factibles. Y esto se puede hacer prácticamente gratis, porque todas estas horas ya están pagadas. Con un flujo consistente y confiable de requisitos fácilmente se puede aumentar el throughput entre un diez y un veinte por ciento, es sólo es cuestión de mover de cuatro a ocho puntos porcentuales, de los setenta que son improductivos, y estamos listos. El tiempo de construcción se reduce, la precisión en la producción aumenta, cometemos menos errores y los accidentes de trabajo disminuyen.

Las ganancias corporativas y los rendimientos por pieza de los trabajadores también aumentarán de manera dramática. Naturalmente las tasas de piezas por trabajador también crecerán en este mismo diez a veinte ciento, y aquí es donde vemos el primer indicador de que los métodos están funcionando. Un trabajador experto, pagado por cantidad de piezas, siempre sabe mucho antes que el resto como termina todo.

Los contratistas son a menudo más escépticos: De esa manera todas las ganancias se van a los trabajadores, dicen. Pero esto se debe a que ellos no entienden la importancia del flujo para su propio negocio, nunca han hecho el simple cálculo: ¿Qué pasa si aumentamos el flujo, es decir, el throughput en por diez por ciento?

He presentado estos cálculos muchas veces, lo hice de forma accesible en mi libro Semiramis, pero también más científicamente en un documento del Grupo Internacional para la Construcción sin Pérdidas (IGLC). El resultado sorprende a la mayoría de la gente. No puede ser así, dicen. Pero lo es. Lo he visto una y otra vez, pero esto solo sucede, si uno profundiza en las ideas que hay detrás y está dispuesto a desaprender viejos y erróneos conceptos y dogmas. Duplicar un punto de partida que ya es positivo es casi inevitable, si uno se enfoca en el flujo de la manera correcta (4.)

¡Y sucede casi espontáneamente!

Esto se aplica no solo al el proceso de construcción.

Hace algunos años hubo una pausa en las reuniones en un astillero noruego, donde ayudé a la introducción de la Construcción Naviera sin Pérdidas. Caminamos a través del muelle, y le pedí que todo el mundo registrara de manera mental que estaba haciendo cada trabajador que viera justo en ese momento.

¿Trabajaba?, ¿creaba valor?, ¿se preparaba para trabajar? o ¿estaba esperando? nadie debía escribir nada, simplemente observar y no intercambiar observaciones.

Después de media hora nos detuvimos y comparamos nuestras observaciones. Todos habían encontrado casi lo mismo: En una de cada cuatro observaciones, el trabajador se encontraba en proceso de crear valor. En uno de cada tres se estaba preparando para trabajar. En el resto de las ocasiones estaban esperando.

Luego caminamos de regreso de la misma manera, pero ahora nos detuvimos en el camino y comentamos sobre aquello que demoraba el flujo. Esta vez se tomaron fotos y se intercambiaron ideas. Como resultado se reguló la dirección del tráfico en dos escaleras estrechas. Hacia arriba en estribor, y hacia abajo en el puerto, se implementaron una pasarela del doble de ancho con espacio para el tráfico, cubiertas libres de cables, y un poco más tarde, un ascensor de construcción desde el muelle y a lo largo de los ocho pisos de la estructura de la cabina.

Y a continuación, una bolsa entera con ideas adicionales:

Áreas de servicio cercanas a las zonas de trabajo y con baño, máquinas expendedoras de café y bebidas, un caseta de información con impresora; contenedores de herramientas y materiales en la cubierta a bordo del buque y no en la orilla.

La productividad y la puntualidad aumentaron dramáticamente, aunque también fue debido a que la mentalidad del Último Planificador se introdujo, pronto en el patio de trabajo se había establecidoo un estándar completamente nuevo para un mercado que es muy competitivo.

El cuello de botella, el demonio en el juego

En cualquier sistema de flujo existe un solo cuello de botella que determina la intensidad de flujo y por lo tanto el throughput. Cuando se necesita aumentar el throughput, es éste el cuello de botella que tenemos que encontrar y liberar. ¿En qué parte de los siete flujos que crean un paquete de trabajo factible, se esconde? Apenas nos movemos unos pasos aguas arriba en la corriente, los siete flujos ya son por lo general extremadamente complejos. Aunque por lo general el momento de su llegada al trabajo es bastante claro, aguas arriba los flujos rápidamente se tornan confusos. La entrega de materiales está esperando por información, a menudo planos, los que a su vez están esperando por otra información; condiciones externas tales como permisos para materiales que deben ser comprados y entregados no se pueden obtenerse sin planos y especificaciones, y mientras esto ocurre todos están esperando.

Desde la perspectiva de cada tarea es simple: Hay siete tipos de requisitos que deben estar en su lugar para que una tarea sea factible y siempre habrá alguno que sea crítico, es decir, aquel al que los otros seis están esperando para concretar la factibilidad y así que el trabajo pueda comenzar. Si queremos aumentar la intensidad, es aquí donde hay que mejorar, en el flujo crítico, por así decirlo, el que controla la velocidad en nuestra producción.

Esto es exactamente como una estufa. Si queremos que

caliente más, debemos alimentarla con más aire o con más madera, no importa cuál de los dos. La falta de aire no mejora con más leña, y viceversa si es madera lo que falta. Tampoco ayuda si lo que falta es una temperatura adecuada.

En otras palabras, tiene tres flujos de requisitos: combustible, aire y calor, y uno de estos es el crítico, el que regula el proceso. Generalmente el calor resulta del 'trabajo previo', es decir, de si se tenía combustible, aire y calor en cantidades suficientes solo hace un momento, así los tres flujos se mezclan en un patrón complejo.

Si nos fijamos de nuevo en el proyecto, nos encontramos con lo mismo, pero en un patrón mucho más complejo. Los siete flujos tejen dentro, fuera, entre ellos, hacia adentro, hacia fuera del proyecto y cada requisito, independientemente del tipo, es el resultado de una red infinita de grupos de flujos entreverados. Con seguridad, podemos describir esto como un sistema extremadamente complejo, y por lo general, bastante dinámico también.

Si no está ocurriendo algo inesperado en nuestro proyecto, sin duda sucederá en uno o más de los numerosos otros proyectos con los que, de una manera u otra, se está compartiendo flujos.

No importa lo mucho que tratamos de ordenar este sistema, con seguridad podemos llamarlo ¡caótico!

Caos

Cuando hace poco más de 30 años, compramos la primera computadora para la familia, una VIC 20 con 16 KB de memoria y una interface BASIC, mi hijo y yo nos pusimos ansiosos, como Lorenz veinte años antes. Los sistemas no lineales habían entrado en nuestro mundo.

Ahora, con la computadora, podíamos hacer frente a estos sistemas con una eficiencia relativamente alta, y tal como Lorenz ya lo había descubierto, se trataba de todo un nuevo mundo. En una serie de muy inspiradoras transmisiones de televisión el entonces joven mago de ciencias naturales

Tor Nørretranders explicó este mundo, y Rasmus y yo nos dedicamos a probar todo esto. De repente la mariposa de Lorenz aleteó por la pantalla y la maravillosa flor de Edward Mandelbrot se estaba desarrollando en el computador, que fue rápidamente sustituido por el más potente Commodore 64 y más tarde un Amiga. Luego también llegó una PC a la familia, y el infinito, la complejidad y el caos se estudiaron tarde y temprano.

La vida nunca más fue la misma.

Todo esto también cambió mi comprensión del proceso de todos los días alrededor de nosotros. Dije con convicción en nuestro equipo de gestión que NIRAS era un caos auto-organizado, y que los proyectos correctamente tendrían que percibirse como sistemas complejos, no lineales, y dinámicos, y que, por tanto, tenían que ser tratado como potencialmente caóticos.

¡Potencialmente! Porque no siempre se desarrollaban así. Algunos proyectos eran dóciles y predecibles, al menos una buena parte del tiempo, pero entonces de repente el diablo podría apoderarse de ellos y dejarlos galopar desbocadamente sobre los planes, aparentemente completamente fuera de control. A pesar de que ellos disponían de todos los elementos, me tomó mucho tiempo poner las piezas en su lugar y explicar este extraño comportamiento.

Pero si partimos de la teoría de VFO y nos concentramos en el proyecto como un flujo, sabemos a partir de la hidráulica que el flujo tiene en principio dos estados diferentes: laminar y turbulento. En la naturaleza, nos encontramos con el flujo laminar en un río manso, que se mueve de manera constante y es bastante predecible. Al estado turbulento, por otro lado, se lo encuentra si observamos un afluente, el luchador arroyo silvestre que salta entre las rocas y cantos rodados. Es la misma sustancia, H_2O, de la que estamos hablando, pero se comporta de manera muy diferente, y no hay un estado intermedio, es uno u otro. La turbulencia se puede producir de forma local, y, o bien se extiende o se calma, esto puede tener un delicado equilibrio. Pero el fenómeno está ahí, y es lo mismo que experimentamos en el flujo del proyecto.

La turbulencia y el caos son por lo tanto elementos clave de mi comprensión de la naturaleza del proyecto y por lo tanto un requisito esencial para mi enfoque a la gestión de sistemas complejos y por tanto potencialmente caóticos.

Así que, para que conste, déjenme aclarar lo que quiero decir con el término caótico, el cual considero que es un concepto subjetivo:

Un sistema es caótico, cuando es imprevisible en un lapso de tiempo de nuestro interés, y con la precisión que necesitamos.

1) Koskela, Lauri (1992) Aplicación de la nueva producción Filosofía dos Construcción, CIFE informe técnico nº 72, Universidad de Stanford, Septiembre de 1992

2) Koskela, Lauri (2000): Una exploración hacia una teoría de la producción y su aplicación dos de construcción, Centro de Investigación Técnica de Finlandia VVT

3) De Architectura - diez libros de arquitectura, probablemente escrito alrededor del año 15 aC

4) El modelo se presenta en el artículo: Bertelsen, S y Bonke, S (2011): Transformación-Flujo de valor como herramienta estratégica en el Proyecto de Producción de IglC 19 en Lima, Perú

El proyecto fluido

La hidráulica y porqué el flujo es relevante no solo para los líquidos sino también para los proyectos

OJALÁ ESTÉ CLARO PARA EL LECTOR que sigue a bordo, que mi hipótesis es que nuestra comprensión habitual del proyecto es fundamentalmente errónea, y que esto explica en gran medida su comportamiento rebelde.

La culpa reside en nuestra propia mentalidad racional, y en nuestra creencia ciega de que los sistemas complejos pueden ordenarse y seguir un plan. El mismo error de De Laplace, del que Poincaré se percató y señaló, pero que a Lorenz le tomó aproximadamente una docena de años transmitir, a pesar del hecho de que las computadoras modernas hacen que sea fácil para todo el mundo observarlo.

Pero ¿que pondremos en su lugar?

La física del proyecto

Hace una docena de años Glen Ballard me hizo notar el libro

Factory Physics, escrito por los profesores Hopp y Spear-mann[1]. En una pieza monstruosa de fórmulas, ellos camin-aron a través de la producción en una fábrica considerada como un sistema de flujo y recogieron una gran cantidad de matemáticas que puede ayudar a diseñar y optimizar esta producción. Emocionante, pero dirigida totalmente hacia el entorno de la fábrica ordenada, que de hecho puede no ser tan ordenada como los profesores asumieron.

En verdad se trata de un libro muy reflexivo.

Me hizo a considerar la diferencia entre la producción en masa y por proyectos, como muchos otros habían hecho antes que yo, y probablemente lo harán más adelante. Básicamente, la mayoría de nosotros vemos la diferencia o quizás no. Cuando traté de explicarlo, acabé entendiendo que no es una cuestión de si o de no, más bien es de ambos, y como tal es un punto escogido de forma personal sobre una escala entre las dos formas en su estado más puro, y por lo tanto es en cierta medida una visión subjetiva.

Se hizo especialmente claro para mí cuando recordé muchos pequeños proyectos del día a día, el asado caliente de costilla, con la piel crujiente, que prepara Sonja para nuestro almuerzo de sábado, para ella es producción, pero para mí sería un proyecto.

Esto me llevó a la idea de que quizá se trata más bien nuestro modelo mental, el cómo consideramos a la tarea, es lo que determina como la llamamos, y por lo tanto determina nuestro enfoque y los métodos que vamos a utilizar.

Esta toma de conciencia me hizo sugerirle a Lauri Koskela que deberíamos tratar de montar una comprensión teórica del proyecto, acorde con esta situación, bajo el nombre paralelo de Física de la Construcción.

La idea era simple, si la producción de la fábrica se podría poner en fórmulas, también se podría hacer lo mismo para la producción por proyectos. Sin embargo, esto no se podía hacer del todo, al menos no por nosotros. El proyecto era de-masiado rebelde, aunque aprendimos mucho. Encontramos entre otras cosas, que era la complejidad del proyecto la que se interponía en el camino, como habíamos sospechado desde el comienzo. Los sistemas complejos no podían ser descritos de manera significativa como un conjunto de ecuaciones lineales, debido a que por definición son no lineales como el modelo climático de Lorenz.

Y es aquí donde viene la dinámica inherente del proyecto.

Pero antes de proseguir efectuaremos algunas definiciones clave, ya que éstos primeros pasos son el punto de partida para seguir trabajando en la comprensión teórica y práctica del proyecto.

Intentaré de utilizar la mayor parte de este ensayo en reconsiderar mi entendimiento de los diversos elementos incluidos en la Física del Proyecto, que a partir de ahora empezaré a llamar el tema, y presentaré mi propia comprensión teórica del proyecto, tal como se sugiere en mis dos primeros ensayos. Se podría denominar Teoría de Gestión de Proyectos, como un esbozo de la ciencia sobre la naturaleza del proyecto y su gestión. Tal vez es un objetivo ambicioso, pero voy a intentarlo de todos modos. Así que para comenzar, déjenme tratar de recolectar tranquilamente algunos de los elementos, que a la luz del conocimiento de hoy en día deberían ser parte de esta nueva ciencia.

Descripción general

En primer lugar, un breve resumen sobre la nueva comprensión del proyecto, la que luego desarrollaré en más detalle con el conocimiento existente de otras disciplinas, especulando sobre algunas nuevas interpretaciones y algunas nuevas ideas.

EL OBJETIVO DE LOS PROYECTOS ES CREAR VALOR: El propósito de cualquier proyecto es la creación de valor para alguien, y por lo tanto la generación de este valor debe ser el tema clave durante todo el ciclo de vida del proyecto.

EL VALOR SE CREA MEDIANTE UN FLUJO y la velocidad de este flujo determina la duración del proyecto, el tiempo, que es el segundo requisito en el eterno triángulo del proyecto con el que constantemente lidiamos. El flujo influencia una serie de operaciones que determinan el costo. Aquí encontramos el tercer requerimiento de un proyecto: cumplir con el presupuesto. Las operaciones pueden contribuir al valor, o ser una pérdida, pero todas ellas consumen dinero y tiempo.

EL PROYECTO ES UN SISTEMA COMPLEJO: El proyecto existe en una red infinita de participantes, se les llama agentes en la ciencia de la complejidad, y estos están vinculados a través de sus relaciones. Los agentes pueden tomar muchas formas: empresas, instituciones, autoridades y políticos, y ellos aparecen en la vida cotidiana en varios niveles.

Los participantes en esta red infinita realizan las operaciones, mientras sus relaciones determinan el flujo.

Este sistema confuso es extremadamente dinámico. Los participantes están entrando y saliendo de la red todo el tiempo, y sus relaciones cambian. Más aún, el sistema siempre está en aprendizaje y aumentando su dinámica. Este aprendizaje ocurre horizontalmente en el mismo nivel de la organización -aprendizaje lateral- así como arriba y abajo en la organización -aprendizaje vertical-.

Así, el proyecto es un sistema extremadamente complejo y dinámico, adaptable en tres dimensiones de forma cotidiana, lo que a menudo hace que sea imprevisible incluso para las próximas horas. Pero a cambio, la red vive para siempre. El proyecto se detiene, pero los agentes seguirán trabajando, ahora en nuevos proyectos y por lo tanto en otras relaciones, y el impacto del proyecto permanece en el sistema. Su aprendizaje, sus pérdidas, sus bancarrotas y todo lo que ya sucedió, mientras que los nuevos agentes que se incorporan son arrastrados hacia adelante. Todo esto se extiende desde muy atrás en el tiempo y probablemente existirá siempre.

Nuestro propio proyecto, por grande que parezca, es sólo una onda propagada en este sistema universal de producción, que va desde la construcción de las pirámides y la gran muralla china a la producción ordenada de autos de Toyota, y a las modernas guerrillas en Asia y Oriente Medio.

EL FLUJO ES LA CLAVE: Los participantes se ocupan de las operaciones del proyecto. Pero el interés en su propio beneficio a menudo conduce a la sub-optimización, lo que hace que el flujo sea incierto. Los agentes se centran en su propia eficacia y resultado económico, en lugar de en la productividad total o del throughput, lo que a menudo daña el proyecto.

En una perspectiva de flujo, la confiabilidad es decisiva, la cooperación y los entregables confiables entre los participantes de los resultados parciales de las operaciones es clave. En un sistema con intereses en conflicto un flujo más confiable requerirá cooperación, aprendizaje mutuo y, no menos importante, confianza.

¿Y dónde nos lleva todo esto?

Valor-flujo-operaciones

La teoría de Koskela es el punto de partida de todas mis reflexiones sobre el proyecto, así que es el lugar natural para comenzar con la primera de tres perspectivas. En mi adaptación, lo que llamo la teoría VFO referida a tres conceptos clave: Valor, Flujo y Operaciones.

El orden modificado - donde Koskela habla de Transformación, Flujo y

Valor - puede sonar como un detalle, pero contiene dos diferencias cruciales en

la percepción del proyecto. Se establece en primer lugar y como el único objetivo del proyecto la creación de valor. Este valor es creado por el flujo y el proceso de producción relacionado, el cual recurre a las operaciones de los participantes, según sea necesario.

Las operaciones, foco de la gestión tradicional de proyectos, se convierten así en secundarias con respecto al flujo. ¿En qué ayuda que los trabajadores puedan instalar los andamios de manera efectiva si con un pequeño ajuste de valor o de flujo los andamios ya no son necesarios?

Cambiando la palabra transformación, que es el trabajo de generar valor, a operaciones se visibilizan a las tareas que no agregan valor, tales como inspección, transporte y espera, todas las cuales contribuyen al costo. Es interesante cuando comprendemos que más de dos tercios de las horas se gastan aquí. Por lo tanto, la comprensión de VFO refleja el eterno triangulo valor-tiempo-economía del proyecto y sus conflictos inherentes y cotidianos.

Mientras que el valor y las operaciones son temas familiares del pensamiento tradicional de gestión de proyectos, el flujo y las consecuencias de la mentalidad de flujo son algo nuevo. Es debido a nuestra falta de comprensión sobre el flujo y su gestión, que podemos explicar porque vemos como algo extraño en el comportamiento del proyecto, por esta razón el flujo será el principal problema para el resto de este ensayo, y también gran parte del resto del libro. Así, el valor y las operaciones solo serán abordados cuando influyan en el pensamiento de flujo, por ejemplo, como cuando se discute sobre eficiencia frente a la productividad.

Comienzo por examinar el fenómeno de flujo y encuentro mucho conocimiento que se ha pasado por alto en nuestro manejo diario del proyecto. Esto me lleva mucho más allá del pensamiento convencional, incluso en la Construcción sin Pérdidas. El flujo aparece en dos diferentes estados - como el flujo laminar, tranquilo y eficaz, o como el rápido, caótico e ineficiente, flujo turbulento. Es un cambio importante, cuando pasamos de ver el proyecto como un flujo, donde resulta un arte poder perfilar el flujo hacia el estado ordenado del flujo laminar sin tambalear.

Nunca he practicado canotaje en rápidos reales, donde hay que bajar por un río turbulento, solo he probado una versión turística. Y por Dios que fue divertido y cuan mojados quedamos, pero al mismo tiempo también aprendí algo acerca de cómo nuestra navegación tranquila y eficiente, donde todo el mundo simplemente remó, que podía repentinamente empujarnos hacia situaciones caóticas en las que parece que somos zarandeados a través de las pequeñas cascadas, hasta que nuestro guía nos devolvía al curso y a continuar con el descenso del bote. Ese día en Cody, Wyoming, realmente aprendí algo acerca de la importancia de estar en el lado ordenado del caos.

Y no se trata sólo de aferrarse, sino también se trata de comprender el otro lado, el caótico.

Sin embargo, este nuevo y excitante mundo debe esperar por el siguiente ensayo, porque el flujo mismo también ofrece mucho más sobre lo cual pensar.

Esto abre mi segunda perspectiva: Los sistemas complejos, porque el Caos solo existe aquí. La teoría del caos es una ciencia nueva y floreciente que desde su lugar de nacimiento en el Instituto de Santa Fe en Nuevo México, en los últimos años se ha estado extendiendo como fuego salvaje. Esto lo trataremos en el siguiente ensayo.

El tema principal de esta segunda perspectiva me lleva a mi tercera perspectiva sobre el proyecto como cooperación y delegación, estas características son claves para la gestión de los sistemas complejos. Profundizaré más sobre esto en el sexto ensayo sobre el proyecto autónomo, tal vez con pensamientos que pueden parecer sorprendentes y provocativos, pero en los que creo.

Así que agárrense y abrochen sus cinturones, ¡porque viene una avalancha de nuevas ideas!

Flujo - la verdadera perspectiva nueva

El flujo es la clave de la riqueza de nuestra comunidad a través de una producción, comercio y distribución eficientes de los bienes y servicios de todo tipo. En algunas industrias se utiliza el término militar logística, algo que también hicimos también cuando experimentamos con el sistema Logística de Construcción. Esta estrategia se denomina en muchos lugares ´Lean´ (sin Pérdidas), mientras que el mundo de la Tecnología de la Información se habla de ´Agilidad´, y yo la he llamado ´Ajustada´. Ciertamente un querido niño sin duda tiene muchos nombres.

La importancia de un flujo eficiente se hizo evidente con la cadena de montaje de Henry Ford a principios del siglo pasado, y más tarde con el sistema de producción flexible de Toyota. Sin embargo, el proyecto nunca es tan simple, porque sus flujos tienen una gran variabilidad, pero el flujo sigue siendo la clave para incrementar el rendimiento o throughput y por lo tanto para alcanzar la productividad más alta que perseguimos.

Throughput o rendimiento

El elemento central de la Física del Proyecto es la Ley de Little. En 1961, el físico del MIT John DC Little publicó lo que más tarde se conoció como la Ley de Little. En términos simples ella establece: El rendimiento es igual al trabajo en progreso dividido por la duración del tiempo de ciclo:

$$TP = \frac{WIP}{CT}$$

TP: Throughput (rendimiento)
WIP: Work in progress (trabajo en proceso)
CT: Cycle time (duración del tiempo de ciclo)

Esto requiere un poco más de explicación. El throughput o rendimiento es, a mi entender, lo que sale de la fábrica y se vende a un cliente que paga por ello, en el caso del proyecto sería el trabajo terminado, vendido e instalado. Esto es por lo que nos pagan y, por lo tanto, lo que nosotros como empresa queremos incrementar, tal como lo señaló Goldratt.

Podemos hacer esto al tener un mayor trabajo en progreso, pero al hacerlo aumentaremos nuestro costo casi a la misma velocidad. En la producción por proyectos, es mejor para nosotros reducir la duración del ciclo, es decir, construir más rápido con los mismos recursos. Y eso es exactamente lo que hacemos con una mejor gestión de los flujos, donde incrementamos la proporción de tiempo invertido en el trabajo que agrega valor mediante la reducción la parte que no lo agrega.

En otras palabras, el flujo debe estar en el centro si queremos una mejor economía en el proyecto, mientras se respete el programa.

¿Es realmente así de simple?

En principio, sí. Pero en la práctica no es tan simple.

Permanentemente estamos esperando

A principios de 1900, el matemático danés EA Erlang (1878 - 1928) estaba empleado en la Compañía Telefónica de Copenhague para estudiar los patrones de espera del servicio a los clientes en la oficina principal de la compañía. La telefonía aún estaba en su infancia, todo el mundo con un teléfono tenía una línea directa a la oficina principal, donde las operadoras de telefonía gestionaban las llamadas entrantes al vincular la clavija de la persona que llamaba, con el número deseado en un gran tablero frente a ella, y al mismo tiempo hacer sonar al teléfono receptor.

En este simple sistema de uno a uno las operadoras eran claramente un cuello de botella pero también, a pesar de los bajos salarios, un costo. Así que la pregunta era, ¿cuántas deben trabajar para garantizar una calidad de servicio adecuada - esperar poco- para el cliente?

Erlang era un matemático que conocía muy bien la teoría de la probabilidad que se había desarrollado a raíz de la fascinación de aquellos días con los juegos de dados y las apuestas. Erlang volvió su mirada de preguntas curiosas tales como: ¿Habrá dos personas en esta compañía que tengan su cumpleaños en el mismo? hacia el tiempo de espera.

Para Erlang era la espera por atención de las llamadas lo que era interesante, y es aquí donde se desarrolló lo que hoy llamamos la teoría de colas, que matemáticamente explica el tiempo de espera estimado en un sistema con un cuello de botella. O cuánto tiempo en promedio se debe esperar en la cola del supermercado al pagar un sábado en la mañana.

No es sorprendente que el tiempo de espera depende, entre otras cosas, de la capacidad disponible en proporción al tráfico, sino también de que tan seguido tienen lugar las llegadas. Mientras más regular sea el flujo de llegadas, el tiempo de espera será más corto para el individuo, dicho de otra manera, la utilización de la capacidad será mejor. Hemos visto este fenómeno cuando las obras en autopistas requieren limitar la velocidad. El tráfico fluye un poco más lento, pero más uniforme, y la capacidad reducida se utiliza mejor. A menudo, la pérdida de tiempo, a pesar de la reducida velocidad, es insignificante.

En el flujo del proyecto, esta comprensión nos lleva a ver que podemos aumentar la capacidad utilizada al regularizar el flujo, lo cual se puede lograr haciéndolo más constante. Esto es casi siempre más barato y rápido que simplemente aumentar la capacidad física en términos de cuadrillas o equipos.

Yo lo he hecho muchas veces, y en esencia es el enfoque del Último Planificador, donde la confiabilidad se registra y se mejora empleando el indicador PPC- porcentaje de plan completo. Es decir el porcentaje que se cumplió tal como estaba previsto.

Cuando sabemos que una tercera parte del tiempo de trabajo se pierde en esperas, definitivamente hay algo que se puede ganar al aumentar la confiabilidad, y así reducir el tiempo de estas esperas, tal como lo hicimos en el muelle al ordenar el tráfico en las escaleras. En dirección a estribor hacia arriba, en dirección hacia el puerto hacia abajo. Uno de mis estudiantes introdujo el uso de reservaciones durante el empleo de la grúa en el proyecto de construcción de un relleno al este de Copenhague, y esto aumentó mucho la capacidad efectiva mientras que el tiempo de espera se redujo drásticamente.

La teoría de colas es de hecho un conocimiento útil, y, por cierto: la probabilidad de que dos personas en la empresa tengan la misma fecha de nacimiento es más del 50% cuando hay más de veinte trabajadores.

La teoría del cuello de botella

La respuesta de Israel a Shigeo Shingo de Japón fué Eliyahu Moshe Goldratt

(1947-2011). Un líder de negocios exitoso, con experiencia en el mundo de la tecnología de la información, que se estableció como consultor y edificó el Instituto Goldratt, basado en lo que él llamó la teoría de las restricciones, es decir, la teoría del cuello de botella (2).

Durante este proceso él y su equipo ayudaron a un gran número de empresas en todo el mundo a mejorar su productividad. También publicaron, especialmente él, una serie de libros inspiradores, muchos escritos en forma de novelas, pero con un mensaje serio. Él trabajó a partir de la premisa de que, en el trabajo diario, es el propio cliente el que tiene que entender y darse cuenta del mensaje, y no es el consultor quién que debe hacerlo por él.

Un enfoque un tanto sorprendente para un consultor de gestión quien por lo general depende de las horas vendidas, pero Goldratt prefería obtener una participación del aumento de la productividad, es decir, en el valor que él creaba. En mi experiencia es un enfoque sano, porque hay mucho que ganar en la producción por proyectos.

La muy simple y lógica idea de Goldratt es que en cualquier sistema de flujo existe solo un cuello de botella, el cuál determina el rendimiento (throughput) de todo el sistema. Si se quiere aumentar el rendimiento y las ganancias, se debe mejorar este cuello de botella. Al mejorar su capacidad, inevitablemente, un nuevo cuello aparecerá, y a continuación, será en este en el que ahora nos tendremos que concentrar. Y así podemos continuar en una búsqueda constante para aumentar el rendimiento.

Este claro enfoque en los cuellos de botella naturalmente hará que los críticos señalen que hay muchos otros lugares que también se pueden hacer más eficientes, y a esto la única respuesta es que sí, porque nunca se llega al proceso ideal en la producción del proyecto. Siempre habrá algo que mejorar, pero debe hacerse con un enfoque permanente en el flujo, porque el flujo es la clave para el aumento de la productividad, mientras que un enfoque centrado solo en la eficiencia a menudo es la raíz de nuestros problemas.

A menudo el cuello de botella es un sobrecargado gerente de nivel medio. Tendríamos, pues, que reducir su carga de trabajo o darle suficiente ayuda. Sin embargo, esto puede ser difícil de hacer en una economía de mentalidad tradicional, como la que existe en las empresas de construcción, donde un gerente de nivel medio es visto solo como un costo y no como el prerrequisito de producción que realmente es. Como una medida de eficiencia,

Usted puede ahorrar en este costo, pero si lo hace va a destruir la confiabilidad del flujo y la pérdida será mucho mayor que los ahorros. Entender esto requiere comprender la mentalidad de flujo, algo que muy pocos hacen. Ya que como veremos, la productividad y por lo tanto las ganancias, se relacionan con el flujo, el rendimiento y el programa en el eterno triángulo del proyecto, mientras que la eficiencia se centra solo en las operaciones y por lo tanto en el costo.

Cuando la eficiencia destruye las ganancias

En la práctica un sistema de flujo, uno dinámico, nunca está completamente equilibrado. Siempre habrá algo esperando por algo más, porque todo el tiempo disturbios pequeños y grandes perturban el flujo ideal -el clima, enfermedades, errores o fallas en alguno de los flujos- e inmediatamente un cuello de botella temporal y local aparece. Casi todo está listo, pero aún se sigue esperando alguna pequeña y última cosa. Algo con lo que tenemos que aprender a vivir.

De este modo, el cuello de botella crea una cola aguas arriba, algo está a la espera de que una última condición se libere y así, el cuello de botella se disuelva, esta situación es un desperdicio. Ahora sabemos gracias a múltiples estudios que, aproximadamente un tercio del tiempo de trabajo en obras de construcción se desperdicia en esperas, lo sorprendente es que aparentemente nadie se preocupa de porqué sucede esto. Pero si lo hicieran, estarían profundamente sorprendidos con la respuesta, ¡a menudo se debe al esfuerzo para agilizar el proceso!

¿Esperaba usted eso?

La explicación es que estamos planeando, contratando y trabajando basados en la mentalidad tradicional de gestión, una donde se busca minimizar el costo de las operaciones -la tercera dimensión del eterno triángulo de proyecto-, lo que nos lleva a la suposición de que deberemos beneficiarnos por trabajar al 100%, es decir, trabajar tan eficientemente como sea posible. Todos, en todas partes y todo el tiempo. De esta manera reducimos las horas que no crean valor, por ejemplo, los capataces. 'Ellos no están construyendo, sólo cuestan dinero', tal como afirma nuestro contador.

Y así estamos. Los capataces ahorrados eran quienes iban a garantizar que se tenga un trabajo factible y por lo tanto un flujo estable y confiable, los capataces restantes están ahora están tan ocupados tratando de hacer frente a los problemas diarios que no tienen tiempo para los preparativos. Y por si eso no fuera ya suficientemente malo, hacer pleno uso de la capacidad del sistema genera cuellos de botella y dramáticos incrementos en los tiempos de espera, algo sobre lo que la teoría de colas podría habernos alertado, si es que no la hubiéramos olvidado o ignorado.

Aunque en la práctica no se necesita haber oído la teoría, todos conocemos este fenómeno gracias a la autopista, cuando un límite local de velocidad hace que todos vayan a la misma velocidad, se genere un flujo de variabilidad reducida, y se incremente el rendimiento. Al cambiar apenas un poco la naturaleza del flujo, se exacerba la capacidad práctica.

Si nos fijamos en el proceso de construcción, urgimos a ahorrar enfocándonos unilateralmente en optimizar las operaciones sin entender que con ello creamos cuellos de botella, además de un flujo irregular y poco confiable. Así reducimos la productividad, porque la productividad se mide sobre la producción total -el rendimiento- y no en las operaciones de forma individual

En otras palabras, nuestra urgencia por ahorrar para reducir costos nos lleva, a destruir nuestro flujo y a reducir nuestras ganancias.

¡Es en verdad perturbador!

El cuello de botella como válvula de control

De vez en cuando un cuello de botella puede ser una ventaja, pero sólo si se trata de algo planificado y con un propósito. Un cuello de botella puede ser visto como una especie de válvula de control, para retener elementos que no se utilizarán en lo inmediato, lo cual asegura un flujo más regular aguas abajo. Así por ejemplo, el sistema aguas abajo no estará saturado por los materiales y suministros cuando el 'espacio' es el flujo crítico. Un almacén fuera del sitio de obra puede asegurar esto, generando un ejemplo de válvula de control que sólo permite mover las cosas, para su uso en las próximas horas.

Goldratt ve la gestión de este cuello de botella como un sustituto habitual a la búsqueda permanente de cuellos de botella locales, y al posterior reajuste del resto del sistema a sus necesidades. Tal como en un hormiguero, donde todas las hormigas se adaptan a las necesidades de la reina y de las larvas. El éxito del hormiguero -su rendimiento- es la supervivencia, y la reina es el cuello de botella, mientras que todo el resto solo deben alinearse. Y vaya que las malditas hormigas son efectivas. El peso total de las termitas en las selvas tropicales es mayor que la mitad del peso de todos los seres vivos, insectos, mamíferos, aves y reptiles.

La cooperación y la división del trabajo son rentables.

Puede ser una buena idea considerar esta estrategia de manera más sistemática, especialmente si hay un cuello de botella relativamente sólido y visible en el sistema, por ejemplo, el muelle en un astillero. Al asegurarse de que este cuello de botella siempre tiene suficiente trabajo, maximizamos el flujo a través de este cuello de botella al mantener un poco más de trabajo en progreso que el teóricamente necesario. En otras palabras, nos liberamos del efecto de la inevitable variación en los flujos.

En la construcción de la terminal 5 del aeropuerto de Heathrow en Londres el espacio era un gran problema, y se manejó de una manera muy radical. El principal contratista estableció dos grandes áreas de almacenamiento fuera del aeropuerto, y demandó que prácticamente todas las entregas, dependiendo de su tipo, se llevaran a cabo a través de una de estas áreas. Al mismo tiempo, se determinó, que sólo a los materiales y suministros necesarios en las próximas 24 horas se les permitiría entrar al sitio de obra en sí. Al combinarse con un efectivo abastecimiento de inventarios (stocks), se evitó estrangular el estrecho sitio de construcción

Mientras que he utilizado de manera muy eficaz la idea de un cuello de botella estable en la construcción naval, donde el astillero es la alternativa obvia, sólo en raras ocasiones lo he visto en los proyectos de construcción. Pero en aquellos sitios donde se ha utilizado, el enfoque en el cuello de botella ha funcionado en todo momento. Mi visión acerca de un mejor proceso de construcción se basa en gran medida en las ideas de Goldratt.

Siempre hay algo esperando por algo más
Si nos ponemos las gafas de flujo y observamos el proyecto como un proceso, podemos percibir el proyecto como algo que sucede casi por sí mismo, cuando todos los requisitos están presentes.

Si queremos aumentar la intensidad del proceso, debemos encontrar y regular el flujo crítico - aquel que por que el cuello de botella está esperando. Aquí está la clave para un mejor proceso: Encontrar el flujo crítico y suavizarlo.

Creo que Lauri Koskela ya se había percatado, pero me quedé sin palabras cuando durante la ola de calor del verano de 2011, caí en cuenta de esta sencilla solución, mientras una noche envuelto en mi poncho brasileño- comprado durante la conferencia del 2002- estaba sentado en mi balcón junto a una lámpara de queroseno y especulando, mientras que mis hermanos profesionales se encontraban en la conferencia del IGLC de aquel año en Lima, Perú.

Si imaginamos una estufa, su proceso tiene tres flujos como requisito, ´madera´, ´aire´ y ´calor´, y uno de estos tres es el crítico. Cuando la madera se pone en la cámara de combustión y se apila correctamente con yesca en la parte superior, se está esperando al proceso calor. Este viene cuando encendemos la yesca y el flujo crítico es ahora uno de los otros dos. A menudo es el aire, si es que una ráfaga de aire frio entra por la chimenea. Y cuando la estufa está ardiendo alegremente, podemos regularla ya sea ajustando la cantidad de aire o la cantidad de madera. Aunque más aire no ayudará si la falta madera y viceversa.

En la construcción el proceso es el mismo, aunque un poco más complicado, debido a que el proceso de construcción tiene no tres, sino siete diferentes grupos de requisitos:

Trabajo previo
Espacio
Información
Gente
Equipo
Materiales
Condiciones externas

Varios de estos siete requisitos, sin embargo, no son 're-sponsabilidad' del proyecto, lo son del cliente, las autoridades, los subcontratistas y proveedores que también tienen otras funciones, y por lo tanto no siempre priorizan los intereses del proyecto, sino los suyos propios. Los estudios también han demostrado que en realidad se tienen muchos requisitos individuales más, a menudo más de cincuenta. En la práctica, sin embargo, los limitamos a siete tipos, lo que posibilita hacer un seguimiento y controlar el flujo en nuestra gestión diaria.

Un flujo enredado

A partir de esta comprensión del flujo, nos encontramos aquí con una red infinita, aunque frecuentemente ignorada, en el centro de la vida del proyecto. Deberíamos pensar un poco más sobre un fenómeno que se puede denominar como un flujo enredado.

Ignoro si existen estudios sobre este fenómeno en la gestión de proyectos, o si es que los hay, es probable que se encuentre como parte de la investigación de la complejidad enfocada en redes. Aunque la sola comprensión de los siete flujos que alimentan el proceso conduce de forma natural a un nuevo concepto: el flujo crítico, es decir, aquel que puede demorar el proceso en cualquier momento y que es parte de los siete flujos.

Si retornamos al pequeño ejemplo sobre el calefaccionado de la cabaña en verano con una estufa a leña, la cual para poder calentar, tiene que tener tres requisitos resueltos: Madera, oxígeno -es decir ´materiales´ - y una temperatura suficientemente alta, que resulta del 'trabajo previo'. La falta de cualquiera de estos tres flujos, detiene el proceso, como también lo haría en un proyecto. En otras palabras el aire es el flujo crítico en esta situación. Sólo uno de los siete flujos determina la intensidad, por tanto si queremos construir más rápido y aumentar el rendimiento, debemos encontrar y aumentar este flujo crítico.

Es aquí donde nos topamos con el flujo enredado. Una falta de madera para quemar puede deberse a que el guardabosques está ocupado en otras tareas -es decir se debe a la falta de mano de obra- lo que a su vez nos ata al proyecto de nuestro vecino, donde se podría estar a la espera de un equipo o información para poder avanzar. Tal vez son las decisiones de las autoridades forestales las que causan la demora, o tal vez es la falta una aprobación ambiental causada por una protesta la que detiene todo.

De hecho, en un flujo enredado podrían ser en última instancia nuestras propias acciones las que nos bloquean, por ejemplo, si previamente habíamos firmado una protesta contra la nueva carretera en la región. Todo se encuentra relacionado en el complejo mundo de un proyecto, donde un solo flujo crítico puede fácilmente invertir un proyecto bien organizado, Si es que uno no está consciente de ello.

Hace unos años, el contratista principal de un gran centro comercial en Copenhague no era consciente de ello. En la fase final, en la que cada una de la gran variedad de tiendas tenía que terminar su propia zona de ventas con su propio personal, el espacio se convirtió en el flujo crítico, y no fue puesto bajo control. Este flujo, junto a la eliminación de los embalajes y otros residuos, estaba fuera de control y pronto el sitio se convirtió en un gran campo de batalla, donde todo el mundo trataba de asegurar su propio espacio y constantemente traía más materiales por el temor a quedar desabastecido. El caos y retrasos fueron el resultado.

Unos años más tarde, otro contratista principal resolvió el mismo problema en proyecto similar mediante una gestión eficaz del espacio, en este caso sólo se permitieron en el sitio de obra materiales para el mismo día, así se aseguró el retiro inmediato de residuos, y todo salió como debería.

Mecánica de fluidos

Cuando un ingeniero de construcción danés, habla sobre flujo, el área de hidráulica aparece en el radar de forma natural. Aquí tenemos toda una ciencia lidiando con el flujo. Aunque por lo general esto se pasa por alto en las operaciones y el presupuesto que son el foco de la gestión de proyectos, y eso que aún no he hablado de hidráulica -o más bien la Mecánica de Fluidos- en la diversa discusión sobre el flujo al interior del movimiento de Construcción sin Pérdidas

La Mecánica de fluidos principia tratando el flujo de agua o en términos más generales, sobre los líquidos como un fenómeno físico. La pregunta original en esta ciencia, era: ¿Cómo fluyen los líquidos? Más tarde, estas ideas se extendieron a otros medios tales como el aire, el aceite y también a fluidos más complejos como las mezclas de petróleo y gas, las cuales mientras fluyen pueden cambiar entre dos estados según la presión, temperatura y velocidad.

En la mecánica de fluidos encontramos que el flujo fundamentalmente puede ocurrir de dos diferentes maneras, laminar o turbulento. El flujo laminar es lo que vemos en los remansos de un rio, mientras que al flujo turbulento lo podemos ver en un correntoso torrente de montaña que a menudo alimenta al río.

Básicamente, son dos estados muy diferentes sin una transición suave entre ellos. En otras palabras, hablamos de un fenómeno o del otro, Sin embargo en el flujo laminar hay advertencias de turbulencia inminente en forma de pequeños remolinos, que a la larga se extinguen, y de manera similar en el estado turbulento existen pequeños estanques, donde hay paz en medio del caos.

Se trata de una comprensión interesante del flujo, y según la teoría, el flujo más eficaz ocurre en el lado laminar, en un estado muy próximo a tornarse en turbulencia. Daré más detalles sobre esto un poco más adelante.

Pero primero hablemos del cambio de fase, ¿cuándo sucede?

Numero de reynolds

El número de Reynolds es probablemente un concepto desconocido para la mayoría de la gente, puesto en términos simples se puede decir que, el número de Reynolds es la relación entre las fuerzas que empujan el flujo hacia delante y las que le restan velocidad. El número determina cuando el flujo pasa de laminar a turbulento o, en términos del proyecto, cuando nos movemos a un estado caótico.

Una vez más se trata de un importante problema para la comprensión y la gestión de un proyecto, pero hasta donde sé, nunca investigado. Ocurre a menudo cuando tenemos que acelerar el proyecto, que es cuando el número de Reynolds sería algo que probablemente valga la pena conocer, comprender, y no menos importante monitorear. Aunque el flujo del proyecto no sea homogéneo como agua o aceite, sino más bien una mezcla. Afortunadamente, la ciencia está muy consciente de la hidráulica del flujo de mezclas, por ejemplo, la mezcla de petróleo y gas, o un material sólido suspendido en agua, se les denomina lodos y son utilizados en el transporte de mineral triturado en la industria minera, y en el transporte de la pulpa en la industria maderera.

En teoría de la complejidad, también he visto el concepto del número de Reynolds en economía, nada menos que en el sector financiero, donde mantener el equilibrio al borde del caos es vital. El sector financiero es un mundo, sobre todo en los Estados Unidos, que tiene enormes recursos detrás de él, y mucha investigación en complejidad que se financia a partir de esas fuentes. Hay dinero para comprender y predecir el desarrollo del mercado financiero en las próximas horas, hoy en día incluso segundos -y poder adelantarse a los otros jugadores.

En la gestión de proyectos no vamos en esta dirección, pero como gerente de proyectos es bueno entender que está sucediendo, a interpretarlo y poder ver un poco más allá.

Con los números de Reynolds alcanzamos la frontera de un mundo completamente diferente, el cual se puede denominar como el de los sistemas complejos, dinámicos y por tanto caóticos.

Muchos podrían decir '¿y qué?', no es un mundo simple, y por ahora el caos está desatado.

Un proyecto es complejo y potencialmente caótico, y por lo tanto requiere repensar todo nuestro modo de ver las cosas.

1) Hopp, Wallace J. y Spearman, Mark I. (2000): Fábrica de Física, McGraw-Hill ediciones internacionales, segunda edición

2) Goldratt mostró el impacto de los cuellos de botella en su primera novela de negocios La Meta y ha tratado el tema varias veces desde entonces. En mi opinión, sin embargo, la novela Velocidad escrito por tres de sus colegas es tal vez la más inspiradora.

Goldratt, Eliyahu M. (1984), La Meta, Publishing Gower

Jacob, Dee; Hesse, Suzan y Cox, Jeff (2010): la velocidad, la combinación Lean, Six Sigma, y la teoría de restricciones para lograr la penetración Actuación. Free Press, Nueva York

El proyecto complejo

La física del proyecto y un análisis de lo que los sistemas no lineales nos pueden enseñar

AHORA EL LECTOR PODRIA CREER que me acerco a lo absurdo. Se preguntará, en cuanto se empieza a hablar de caos y esas cosas, ¿es en serio?

Si, de hecho lo es. El flujo es sólo la primera de mis tres nuevas perspectivas,

y con el número de Reynolds en mente tenemos que mirar más allá del límite de la turbulencia, al caos, que amenaza en el otro lado. Porque cuando el proyecto, a menudo termina en este estado, hay que tomar en serio el caos y hacer algo al respecto.

Mi trabajo sobre la física del proyecto me ha llevado de nuevo a la complejidad del proyecto. Esto se debe en parte a que el tema de ninguna manera está agotado, y en parte a que muy seguido escuchamos que los proyectos son cada vez más complejos. Por lo tanto, debemos tomar en serio la teoría de la complejidad, y no solo porque se trata de una nueva y pujante ciencia, que actualmente se utiliza sobre todo para explicar los fenómenos que nos encontramos en la vida cotidiana. Cuando escribí mis primeros trabajos sobre la complejidad del proyecto hace una docena de años, todas las semanas recibía una pequeña cantidad de resúmenes sobre complejidad. Hoy en día su número se ha desbordado y he tenido que configurar un filtro para recibir a diario solo un resumen relevante. Y cuando reviso la base de datos, encuentro que ha crecido hasta tener ahora casi un millón de consultas.

En paralelo, mis propios escritos sobre el tema se descargan y son citados con mayor frecuencia en todas partes del mundo. Aquí yace el hallazgo de un tesoro de ideas y conocimientos, que deberían ser una parte de la Física de los Proyectos.

El proyecto es un sistema complejo:

El proyecto existe dentro de una red infinita de agentes, como se les denomina en la teoría de la complejidad, conectados a través de sus relaciones. Los agentes pueden tomar muchas formas: Empresas, instituciones, gobiernos y políticos, y pueden que aparecer en varios niveles de la vida cotidiana: individuos, grupos, sub-proyectos, comités, autoridades y así sucesivamente. La lista es larga y crece todo el tiempo, los últimos que han surgido son los grupos de vecinos, organizaciones ambientales y las ´ranas verdes´, ellos en particular tienen capacidad de impactar en las grandes obras civiles. Estos agentes vinculan el proyecto a otros proyectos a través de su participación en varios otros proyectos, que a su vez los conectan con proyectos aún más remotos.

Los participantes en esta red infinita realizan las operaciones, mientras que sus relaciones determinan el flujo.

Este confuso sistema es extremadamente dinámico. Los participantes entran y salen de la red todo el tiempo mientras que sus relaciones cambian. Más aún, el sistema tiene la capacidad de aprender y así aumenta más su dinámica. Este aprendizaje ocurre tanto horizontalmente en el mismo nivel organizacional -un aprendizaje lateral- así como hacia arriba y hacia abajo en las organizaciones -un aprendizaje vertical.

Por lo tanto, el proyecto es un sistema extremadamente complejo, lo que significa que en el día a día es a menudo imprevisible, incluso sólo en las próximas horas.

Esta red tiene una existencia permanente. Los proyectos pueden parar, pero los agentes seguirán trabajando, ahora en nuevos proyectos con otras relaciones, mientras que los rastros de los proyectos seguirán en el sistema. Su aprendizaje, sus pérdidas y las bancarrotas y es la aparición de nuevos agentes. La red completa abarca mucho tiempo pasado y probablemente existirá para siempre.

Nuestro propio -gran- proyecto es sólo una onda en este océano universal de proyectos.

Esto abre un nuevo enfoque para comprender los proyectos: La teoría de los sistemas complejos, también llamada teoría del caos, porque el caos sólo existe en este tipo de sistemas. Esta teoría es una nueva y floreciente ciencia, que desde el Instituto de Santa Fe en Nuevo México en los últimos años, se ha estado extendiendo como un reguero de pólvora.[1]

Así que cuidado, ¡aquí vienen algunas ideas de verdad nuevas!

Auto-organización y emergencia

Permítanme primero hacer un breve resumen. Newton y de Laplace nos trajeron el orden y las reglas e hicieron de la planificación algo posible. Poincaré arrojó todo este hermoso mundo por el suelo, y Edward Lorenz reabrió el mundo no lineal para los investigadores y soldados en las trincheras como mi hijo, Rasmus, y yo.

El físico danés Per Bak (1948 - 2002) formuló en 1987 su ahora reconocida teoría de auto-organización crítica. Puede sonar un poco infantil, pero él estudió las pilas de arena como las que hacen los niños en la playa, en la que se acumula arena seca mientras se va formando un cono. Él y sus colegas observaron el crecimiento de estos conos. Nosotros, como ingenieros de la construcción probablemente diríamos algo acerca de los ángulos de reposo, pero Per Bak y su equipo se enfocaron en el número y tamaño de deslizamientos que ocurrieron en estas pilas de arena.

Encontraron que este mini sistema dinámico encuentra por sí solo su tamaño óptimo. Los pequeños deslizamientos son frecuentes, mientras que los mayores no tanto, y cuando se trazó el número y tamaños en un sistema de coordenadas logarítmico doble, los puntos formaron una línea recta.

Sorprendentemente, este patrón se encontró en casi todas las partes en las que revisaron la distribución de los fenómenos naturales, tales como terremotos o países, ciudades y empresas. Su hipótesis fue que los sistemas naturales evolucionan por si mismos hacia un estado crítico, donde permanece, tambaleándose al borde del caos, porque es aquí donde funcionan de manera óptima.

Stuart Kaufmann y sus colegas del Instituto de Santa Fe llevaron esta idea un poco más lejos y afirmaron que es aquí donde nace la vida. Sus ideas están basadas en parte en los estudios de sistemas vivos del pasado, y en parte en experimentos con vida artificial, en los que los procesos de desarrollo de la naturaleza terrestre son simulados en computadores. [2]

Un concepto que también apareció en estos estudios es el de ´fenómeno emergente´, un evento repentino que no puede ser previsto solo al estudiar los elementos constitutivos del sistema de manera individual.

Por ejemplo, el agua: Simplemente con estudiar el oxígeno y el hidrógeno por separado no se puede predecir un fenómeno como el agua, eso sin mencionar sus formas, tales como hielo y vapor, que, como la humedad, las olas y las corrientes son fenómenos emergentes.

Más en broma lo mismo se puede decir sobre el sabor de un bien mezclado, seco y frio Martini.

Para mí como ingeniero civil la escena urbana es un ejemplo de fenómeno emergente. Buenas ciudades surgen no sólo al juntar algunas casas agradables. A pesar de que cada una pueda ser una obra maestra de arquitectura, ellas pueden luchar entre sí para ser la mejor, mientras que el espacio en medio, donde los seres humanos se mueven, se convierte en un campo de batalla estéril.

La planificación urbana fue un tema en mis estudios de ingeniería, y aunque sobre todo estudie el tráfico, el flujo, también aprendí algo más. Las ciudades son fenómenos emergentes que se presentan para bien o para mal por sí mismos, si es que no dominamos el proceso.

Empujar o jalar

Si el mundo fuera ideal y por tanto newtoniano y predecible, nuestros planes resultarían y el proyecto funcionaria como un mecanismo de relojería, una vez puesto en marcha. Pero el mundo no es así, tal como Poincaré y Lorenz señalaron. No es que nuestros planes estén mal, más bien, es lo que estamos planeando lo que no se comporta como pensamos. Por lo tanto tenemos que controlar el proyecto. Esto se logra al subdividirlo en tareas más pequeñas que se activan sucesivamente, y se van corrigiendo cuando el plan se desvía.

Por lo general, los proyectos son controlados tratando de seguir un plan, lo que es similar a la operación de los trenes. El principio se llama despacho. Aquí una tarea comienza cuando el plan dice que debe comenzar. También se le llama ´Push´ (Empujar), porque las tareas por así decirlo son empujadas a la ejecución.

Pero hay otro método por el cual se inicia una tarea solamente si todos sus requisitos están listos, y cuando este es el caso, empieza sola, de la misma manera en que un árbol crece cuando todas las condiciones previas están disponibles. Este principio es conocido como ´Pull´ (Jalar).

En otras palabras, se trata de dos enfoques fundamentalmente diferentes para abordar la gestión, trabajar según el programa o según la situación, Push o Pull. En nuestra vida cotidiana lo experimentamos con el tráfico. El semáforo es un sistema Push. Donde, el tráfico se detiene y es dirigido por lo que la señal del semáforo y el programa detrás de ésta dice, incluso cuando no hay tráfico y la intersección está vacía sin tráfico esperando para cruzar. De este modo se genera una pérdida de capacidad.

Una rotonda por el contrario, actúa como un sistema Pull. Por así decirlo la rotonda jala el tráfico si es que hay espacio, y la capacidad se aprovecha al máximo mientras hay tráfico.

También podemos decir que Push sucede desde arriba mientras que Pull sucede desde la base. En los sistemas ordenados, o sistemas como los trenes que requieren orden y previsibilidad, la gestión por empuje es el enfoque correcto. Cuando hablamos de situaciones más precarias con flujo de gran variabilidad, Jalar es el enfoque correcto. Esto sugiere que en la gestión del proyecto se debe aprovechar las ventajas del control de tipo Jalar, aunque casi siempre se utiliza el tipo Empujar. Ingenieros, abogados y economistas por lo general quieren ver orden y la previsibilidad en todas partes; es parte de su naturaleza.

Pero hay más sobre el control que solo eso; el control se ha convertido en una disciplina por derecho propio, junto con el desarrollo de robots y cohetes espaciales. Se le llama Cibernética

Teoría de control

Sin conocer el tema en profundidad, he llegado a algunas conclusiones sobre la organización y gestión de un sistema complejo y dinámico, conclusiones contrarias a la opinión popular, que usualmente escucho en muchos proyectos, particularmente los públicos, donde la gestión es confundida con informar. Pero la gestión no equivale a informar, es más bien acción, aquí, ahora y adecuada a la situación. Por ejemplo, pensemos en el tráfico. Es la persona más cercana a la situación, a menudo el chófer, que está actuando y haciéndolo basado en su mejor comprensión de la situación y el objetivo.

El proyecto es, al igual que las pilas de arena de Per Bak, rico en eventos pequeños y de tamaño medio, todos los cuales deben ser corregidos, aquí y ahora, mientras que solo algunos de los grandes y graves requerirán informar y pensar en soluciones de mayor nivel.

Y cuando toda la situación es caótica, tal como frecuentemente lo hemos visto, es la persona en el frente de trabajo, el último planificador, quién debe actuar. Por supuesto, no todo el control debe hacerse por completo al más bajo nivel, sino que en general debe efectuarse lo más cerca de la situación como sea posible. Una visión general es necesaria de tanto en tanto, pero ciertamente también lo es la proximidad, por lo que estamos hablando buscar un balance en cada situación.

A menudo me encuentro con la tendencia de pasar los problemas hacia arriba y así evitar la responsabilidad. Pero a mi modo de ver, esto no es sostenible. Debemos eliminar el temor a decidir y actuar, haciendo aceptable el hecho de cometer errores. En resumen, tenemos mucho que aprender sobre cómo gestionar una situación compleja y dinámica.

El derecho a gestionar a alto nivel no debería implicar automáticamente el deber de controlar los niveles más bajos, sino solamente el derecho a delegar cuando uno se está balanceando al borde del caos.

Caos

El proyecto rara vez empieza caótico, aunque sí puede suceder. Contrariamente, por lo general comienza de forma ordenada, con todo planeado, cronometrado y organizado, y desde allí poco a poco se vuelve más y más complicado hasta que todo termina con…, sí exactamente: ¡Caos!

Tal como se dijo en la sección sobre flujo y turbulencia, el caos no es algo inesperado, algo que simplemente sucede, sino más bien es un fenómeno conocido y estudiado, que hoy está sujeto a toda una nueva ciencia de rápido crecimiento. Popularmente se le llama teoría del caos y más formalmente se le llama ciencia de los sistemas complejos, ya que es precisamente la complejidad la que está en el foco de esta ciencia.

El origen de esta nueva ciencia se encuentra en el estudio de las rarezas ocultas de los sistemas no lineales, que fueron abordados por matemáticos visionarios como Poincaré, cuando desafiaron el pensamiento racional de Laplace. Las pequeñas desviaciones no permanecen pequeñas, por el contrario crecen terriblemente rápido, como lo descubrió Lorenz cuando cambió el papel en la impresora.

La teoría del caos nos dice algo fundamental para la comprensión de un proyecto, que un plan nunca se cumple, no porque sea malo, sino porque ¡no se puede mantener!

Sé que estoy siendo reiterativo pero este mensaje es fundamental para mi comprensión del proyecto, y lo percibo una y otra vez tras el asentimiento educado de mi audiencia que dice ´bueno, pero ni modo´.

No estoy diciendo que los planes son inútiles, lo que digo es que es el proceso de planificación el que crea futilidad, no el propio plan. En otras palabras, es el proceso y su dinámica los que deberían estar en el foco, y no el hecho de informar, controlar y supervisar. Esto se aplica tanto a la vida cotidiana del proyecto, como a su proceso de planificación y control.

El éxito de la teoría del caos se ha debido, entre otras cosas, a su capacidad para explicar sistemas vivos de muy diferente naturaleza. Las interacciones entre naciones, organizaciones, crecimiento urbano, tráfico, hormigueros, el origen de la vida, enfermedades, y sí... Prácticamente todos los ámbitos científicos están asomando su cabeza en la creciente y constante corriente de publicaciones científicas en este campo.

Por ahora caos es un término muy ambiguo y a menudo subjetivo. Por lo tanto para mi propia comprensión, he elegido decir que percibo a un proyecto como caótico, cuando es

Imprevisible en el horizonte de tiempo que queremos, con la precisión que necesitamos.

Es una definición simple y operativa, que en muchos aspectos abarca el problema, aunque no es científicamente sostenible. Pero hace que el caos sea manejable en la vida cotidiana. De hecho, con esta definición tenemos dos botones para ajustar: perspectiva y precisión, y de esta forma con frecuencia salir del estado caótico a través de cualquiera de ambos, acortar el período de tiempo o reducir el requisito de exactitud.

Eso es exactamente lo que hacemos con la mentalidad ´Pull´ (Jalar) en el Último Planificador.

Cuando lo improbable ocurre a menudo

Antes de dejar estas consideraciones filosóficas sobre la teoría y moverme hacia el proyecto, y su comportamiento habitual, quisiera mencionar el principio de improbabilidad. Un hoyo en uno es el sueño más anhelado de un golfista, dicen mis amigos que jugadores de golf. Yo les creo. Un hoyo en uno no es sólo algo que sucede, es algo que se recuerda. Para otros, es como cuando todas las condiciones se alinean y usted conoce al amor de su vida.

Estas cosas pasan, y la sensibilidad ordinaria confirma que puede ocurrir solo una vez, pero no dos, y ciertamente no en cuestión de semanas. Aunque en realidad si ocurrirían dice el matemático inglés, profesor David J. Hand en su libro sobre el principio de la improbabilidad, donde explica por qué lo improbable sucede muy a menudo en el mundo real (2).

De hecho, Per Bak ya dijo lo mismo en 1996 en el libro ´Como Trabaja la Naturaleza´ (3) con la afirmación:

La probabilidad de que algo improbable pueda ocurrir es muy alta, porque hay mucho imponderable que puede suceder.

En un proyecto grande, al que asistí recientemente, esta declaración fue rápidamente cambiada por el término las burradas ocurren, dicho con una sonrisa, ya que todo el mundo reconoce y entiende que así debe ser. Y mejor, así se evita gran parte de la crítica de los participantes, encontrada a menudo en proyectos. En sistemas complejos, rara vez hay un solo pecador que es la causa de la falla, más bien se trata de una desafortunada coincidencia de eventos.

Con esto dejo mis especulaciones sobre la física del proyecto. No porque el tema esté agotado, falta mucho para eso. Por el contrario una gran cantidad de información relevante, está desaprovechada y a la espera de nuestro replanteo sobre cómo se organiza y gestiona un proyecto.

Hay mucho que ver aún en el dominio de las ciencias naturales, pero también en las ciencias sociales, ya que es quizás mucho más importante entender que el proyecto es una asociación y por lo tanto es un sistema social independiente. Volveré sobre esto en mi quinto ensayo.

El tema principal de este ensayo me lleva inevitablemente a mi tercer punto de vista sobre el proyecto como un estado de colaboración, ya que la clave para gestionar sistemas complejos es la cooperación y la delegación. Profundizaré sobre esto en mis ensayos sexto y séptimo relativos a un proyecto independiente y a uno vivo, tal vez con ideas que pueden resultar sorprendentes y provocadoras, pero en las que creo.

¡Espere y verá!

1) http://www.santafe.edu/about/

2) Kauffmann, Stuart (1995): At Home in the Universe, The Search for Laws of Selforganization and Complexity. Oxford University Press

3) David J. Hand (2014): The improbability principle: why Coincidences, miracles, and rare events happen every day. Scientific American / Farrar, Straus and Giroux, New York

4) Bak, Per (1996): How nature Works – the Science of Self-Organized Criticality. Copernicus Press.

El proyecto metódico

Cómo funciona el sistema
El Último Planificador
y una pirámide invertida para
la gestión del proyecto

CUANDO LE DIJE A MIS AMIGOS, los tres mosqueteros Glenn Ballard, Gregory Howell y Lauri Koskela que escribiría estos ensayos y que uno de ellos se ocuparía de métodos y herramientas, se escucharon varias voces de advertencia. Cuidado, no lo conviertas en un manual donde toda la comprensión del porqué se pierde, dijeron.

Trato de mantener este consejo en mi mente. Pero antes de continuar con mis consideraciones teóricas en los dos últimos ensayos, me gustaría parar y ver cómo nuestra nueva comprensión del proyecto como un flujo podría traducirse en un enfoque metódico para la gestión del proyecto.

Es ante todo el Último Planificador lo que tengo en mente, una metodología extensamente probada que en toda su simplicidad funciona. Pero también voy a reflexionar un poco acerca de cómo el proyecto debería ser abordado, si es que realmente vamos a seguir la teoría sobre su naturaleza.

Deje que el proyecto se controle a si mismo

Una vez que se ha comprendido, el por qué, el Sistema de Control de Producción el Último Planificador es obviamente el enfoque adecuado para la organización y gestión del proyecto.

El Último Planificador, es difícil utilizar el nombre completo a diario, se basa en la comprensión del proyecto como un flujo dentro de un sistema complejo, el cual, como la rotonda, se controla a sí mismo. Simple e ingenioso, ideado por Glenn Ballard e inspirado por Greg Howell, es hoy para muchos un sinónimo de Construcción sin Pérdidas

Pero mientras que La Construcción sin Pérdidas es una mentalidad, una filosofía, una comprensión y, en cierta medida, una forma de vida, el Último Planificador es un método, una consecuencia lógica de esta forma de pensar y por lo tanto en gran parte es la razón de la difusión de la Construcción sin Pérdidas durante los últimos años en todas las partes del mundo y a otras industrias. El Último Planificador funciona igual de bien en muchos otros tipos de proyectos.

Así que voy a tratar de explicar el Último Planificador a la luz de la teoría, que acabo de presentar, sólo para demostrar que una buena teoría realmente puede ser una herramienta útil.

El Último Planificador se basa en la comprensión del proyecto como un sistema complejo y dinámico, que como todos los sistemas complejos, tiende inherentemente a dirigirse hacia el borde del caos que es donde mejor funciona, aunque también es donde lo imprevisto e inesperado ocurre muy a menudo, sin importar lo que hagamos.

Por lo tanto, el Último Planificador asume que los planes no se cumplen, por la sencilla razón de que no pueden hacerlo.

El Último Planificador básicamente crea una gestión del tipo Pull (Jalar), es decir gobernada de abajo hacia arriba.

El último planificador es el hombre en el frente de trabajo, él es quien mejor conoce la situación, y por lo tanto es él, o mejor dicho ellos, porque en la construcción tenemos muchas cuadrillas cada una con su propio último planificador, que es quién decide lo que pasará. Con respecto a estas decisiones, todos los gerentes por sobre los últimos planificadores, tiene en principio la única tarea de callar y asegúrese de que sus hombres en el terreno tienen lo que el último planificador dice que necesitan, aquí y ahora.

¡El hombre en el frente de trabajo!

En realidad, se trata de la misma tarea que el jardinero tiene en el jardín con el árbol recién plantado, este va a necesitar agua y fertilizantes, luz y aire, y un mínimo de malas hierbas sofocantes. Si él se asegura de que el árbol tenga todo esto en las cantidades adecuadas, el árbol solo se enfocará en crecer.

Y preferiblemente se debe hacerlo sin interferencias.

En otras palabras, el Último Planificador invierte la pirámide, tal como también lo descubrió el director de una línea área danesa, ya retirado hace mucho, y como lo hizo el general McCrystal con el cuerpo expedicionario estadounidense en Irak, Algo sobre lo que volveré en el siguiente ensayo.

Una planificación en cinco pasos

El Último Planificador funciona mediante una planificación y preparación de operaciones en cinco pasos: Debería suceder, Puede suceder, Sucederá, Sucede y Sucedió. Estos pasos se expresan en diversos tipos de actividades de planificación y preparación, todas llevadas a cabo mediante una estrecha cooperación entre las partes involucradas. Pese a utilizar las palabras planificación y preparación, en la práctica ´preparación´ es realmente la palabra clave.

Permítanme explicar esto paso a paso.

El ´**DEBERIA SUCEDER**´ es lo que debería ocurrir si el proceso fuera ideal, aunque en realidad nunca ocurre porque en un sistema complejo y dinámico los problemas ocurren siempre. El Debería suceder se define en un plan del proceso preparado por los capataces del proyecto, son ellos quienes operan el proceso en el día a día, en coordinación con los superintend-entes, quienes son responsables por el cumplimiento de los requerimientos del proyecto.

Ambos deben participar en el proceso de planificación, ya que cada uno es clave para asegurar que los requisitos previos para la ejecución de la operación estén presentes. Nótese que son los participantes involucrados en las operaciones diarias del proyecto los que preparan el plan, y no algunos planific-adores en la oficina central.

El plan del proceso establece la mejor alternativa posible, y que es aquella a la que estamos apuntando. Todo el mundo sabe que el plan no se cumplirá, pero como grupo se hace algo al respecto de todas formas, se ponen de acuerdo y se comprometen en que esta es la forma que el proyecto deberá tratar de ser implementado.

Así pues, el plan de trabajo describe aquello que nos es-forzamos por hacer. Los participantes concuerdan en que es la mejor manera de implementar este proyecto. No es el plan de la jefatura del proyecto, más bien es el plan acordado por todos los participantes.

Por lo general lo preparan todos los participantes, simu-lando la secuencia del proyecto con notas autoadhesivas de diferentes colores -un color para cada cuadrilla- donde cada nota describe una operación específica en el proyecto. Las notas se ordena en un largo pedazo de papel -a menudo 10 metros o más- pegado en una pared, y es aquí donde los par-ticipantes, por así decirlo, negocian cómo sus limitaciones y entregables serán manejados.

A menudo el plan se prepara 'hacia atrás' a partir de las preguntas: ¿Qué tendremos listo cuando hayamos llegado a este estado?, ¿y cuáles son las condiciones previas para hacer esto?, y así sucesivamente moviéndose paso a paso hacia atrás a través del flujo hasta el principio del proyecto. Desde el primer día, una verdadera mentalidad tipo *Pull* o Jalar

Por lo general, un proyecto se planea desde el principio y hacia delante, pero hacerlo al revés, es a menudo mucho mejor, porque de esta manera nos encontramos con requisitos que de otra manera podrían haberse pasado por alto. En nuestra propia vida, muchos de nosotros también usamos intuitivamente este tipo de planificación cuando tenemos que alcanzar el vuelo a las 9:05 en el aeropuerto, pero previamente tenemos que cerrar la casa y llevar el can a la perrera. Hacemos una cuenta regresiva.

O tal como el famoso filósofo danés Søren Kierkegaard (1813 -1855) lo expresó en su libro Migajas Filosóficas (1844):

La vida se entiende mirando hacia atrás, pero debe ser vivida mirando hacia adelante.

Así que trataremos de honrarlo al menos planificando hacia atrás.

Entre otros grandes beneficios de este proceso de planificación está el hecho de que todos tienen que considerar el proyecto y su cooperación. El plan de proceso no trata de cómo llevamos a cabo nuestras operaciones individuales, es más bien es una mirada al flujo del proyecto, es decir, la forma en que entregaremos las tareas terminadas. Todos de pie junto a la pared, todos hablando con todos, y de repente hemos creado un equipo.

Soluciones no factibles para el proyecto se van descubriendo a medida que pasa el tiempo, el gerente de diseño del proyecto está, por supuesto, participando y puede decidir y arreglar detalles poco claros. Componentes con largos plazos, aprobaciones o las decisiones del cliente son identificadas y puestas en la lista de cosas por hacer, la cual es la llave al estado Puede Suceder.

PUEDE SUCEDER, es donde se preparan las tareas para las próximas semanas. Aquí los superintendentes concentran su pensamiento conjunto en la escudriñar el futuro próximo, unas 3-5 semanas hacia delante, y tal vez más allá, con tal de asegurar de que todo lo que se debe utilizar en este período realmente estará disponible, y que las tareas serán factibles de realizar para cuando corresponda ejecutarlas. En otras palabras, aquí la logística y los siete requisitos previos a la operación son el foco, no las tareas en sí mismas.

SUCEDERÁ, es el acuerdo de los últimos planificadores respecto a las tareas de la próxima semana. Es aquí donde concuerdan, esto es lo que vamos a hacer durante la próxima semana. El plan semanal cubre principalmente el trabajo de la próxima semana día por día, pero también escudriña en la subsiguiente semana para asegurarse de que hay tareas factibles para más adelante.

SUCEDE, se implementa de forma diaria mediante unas, bastante cortas, reuniones por la mañana, donde el grupo de los Últimos Planificadores se reúnen físicamente para coordinar en detalle las tareas del día.

Y finalmente **SUCEDIÓ**, que es el aprendizaje fundamental y uno de los principales temas durante el desarrollo de cada sistema complejo. Los errores son demasiado caros como para ocultarlos, y son necesarios para el aprendizaje. Aquí se pone el foco en lo que todavía no sucede según lo previsto, se descubren las razones y se las elimina tan pronto como sea posible. El indicador PPC, el porcentaje de plan que se completó, es una herramienta importante que nos dice qué tan confiables fuimos en nuestro flujo.

La manera de calcular el PPC dice mucho sobre la mentalidad de flujo subyacente al Último Planificador. El PPC se calcula simplemente cuantificando la cantidad de tareas que fueron totalmente finalizadas como estaba previsto, con respecto al número total de tareas planeadas para el mismo período. No se trata de algo casi listo, sino más bien de algo totalmente terminado, listo para ser entregado al siguiente en la cadena. Tampoco se trata de la cantidad de trabajo que se ha hecho, únicamente se trata de la confiabilidad del flujo.

Tal como Goldratt lo dice en su obra: *La fuerza de la cadena no es una cuestión sobre su peso, sino sobre su eslabón más débil.*

¿Dónde más sucede esto hoy en día en una economía basada en gestión de proyectos?

En la superficie el Último Planificador parece un método, pero básicamente es una forma completamente nueva de pensar. El proyecto se tambalea al borde del caos, donde lo improbable sucede muy a menudo. Por lo tanto, es el hombre en el frente de trabajo el que debe actuar, y esto conduce a una logística del tipo Jalar o Pull. La cual requiere, una alta confiabilidad y por lo tanto cooperación

Todas las piezas parecen encajar y así tenemos una base sólida para una nueva forma de gestión de proyectos.

Cuando Greg Howell y yo, una noche en su casa de Idaho después de un largo y reflexivo paseo con Sonja y su perro Nanna por el valle detrás de su casa, comparamos el Último Planificador con el sistema Logística de Construcción, y llegamos a la asombrosa conclusión de que si uno había controlado las tareas o el abastecimiento de materiales, se encontraría con un método como el Último Planificador. A la mañana siguiente Greg bajó a desayunar con una pequeña nota en un post it, estrechamente escrita, y dijo que había pensado en ello y había llegado a la idea, que el método aparecería en la gestión de cualquiera de los siete flujos.

¡Hola!

El Último Planificador es un método genérico que aparece por sí mismo, si usted piensa en el flujo. Y una buena teoría, es de hecho la herramienta más práctica que se pueda desear.

Así que hay luz al final del túnel.

El Último Planificador funciona si el método se utiliza correctamente. De todo el mundo han llegado reportes de lo bien que funciona. Glenn Ballard viaja por el mundo hablando al respecto, y en todas partes aparecen consultores, ofreciendo ayuda para introducir el método.

¿Así que es un gran éxito?

Pues no, no del todo, y se debe a que el ´saber el porqué ´ o ´know why´ rara vez se incluye. Algunos jóvenes e inteligentes ingenieros han puesto el método en una hoja de cálculo u otro sistema informático; otros han formalizado las formas y rutinas, y así abrazado la original, simple e ingeniosa idea que es el experto con las botas de goma allá en el pozo, el que más sabe acerca de la situación y de lo que se necesita.

¡Justo aquí y ahora!

A través de los años he avanzado junto en la dirección opuesta, haciendo que el mensaje del Último Planificador sea tan simple como sea posible, a menudo reducido a la frase:

> *Asegurarse de que las cosas pueden suceder, cuando ellas deban suceder, y evite repetir sus errores.*

Claramente no se le pagaran muchas horas a un consultor al decirlo así de simple, en sólo catorce palabras, pero esa es la verdad, y en mi experiencia por lo general lo aceptan de inmediato las cuadrillas en el sitio de obra, en el astillero, o los programadores de sistemas de información en la oficina, pero se necesita un poco más de tiempo para que los mandos medios interioricen el mensaje. Ellos simplemente no creen que pueda ser así de simple, pero de hecho lo es, si tan solo aprenden a pensarlo como un flujo, pero eso es a menudo difícil, y por lo tanto aún sigue siendo para el consultor un trabajo entrenarlos en este proceso de cambio de mentalidad.

Cuando les comento a los gerentes de proyecto con experiencia acerca de este método simple, escucho con bastante frecuencia la afirmación: '¡Es casi lo mismo que lo que ya hacemos!'

Pero casi nunca es así cuando lo pregunto con más detalle. Prácticamente todas las veces resultó que ellos no estaban pensando en el flujo, sino en las operaciones. El flujo como pensamiento es de hecho muy diferente del pensamiento racional occidental de hoy.

Hace algunos años me aburrí de estas discusiones y escribí una lista de control que hoy pongo en manos de todos los que creen que ya lo hacen. Ha ayudado, pero no lo suficiente, y es muy raro conocer a alguien que realmente está comprometido con el mensaje[1].

Pero ¿y cómo se aplica en la práctica?

Sí, bueno y bum, bum tal como un destacado miembro del parlamento danés tan sabiamente respondió sobre lo que queda por decir cuando le preguntaron sobre lo que haría después de una derrota electoral.

Vamos a tratar de describirlo mediante un proyecto. Naturalmente empezaré con la teoría para mirar el proyecto a través de los filtros Valor, Flujo y Operaciones.

En primer lugar quiero destacar de qué se trata un proyecto. ¿Qué problema busca resolver el proyecto y cuál es el enfoque correcto?, ¿es un problema de espacio?, si es así entonces la solución pasa por ¿construir, alquilar, comprar, aligerar la organización, o subcontratar?... Mi socio principal JK Nielsen me tomó por sorpresa, cuando antes de iniciar un proyecto bastante grande para ampliar el hotel de tránsito en el aeropuerto de Kangerlussuaq en Groenlandia, sugirió que una más barata y mejor solución podría ser comprar uno o dos helicópteros extra para transportar a los viajeros más rápido a sus destinos finales.

Nuestro cliente siguió el consejo y perdimos un trabajo,

aunque al final ganamos, porque el cliente confió en nuestro consejo y posteriormente numerosos proyectos fluyeron hacia nosotros.

A menudo hay muchos enfoques diferentes para resolver un problema, y demasiado a menudo uno de ellos es elegido sin una reflexión profunda.

En mi proyecto hipotético se consideraría con más cuidado el proceso. Si el problema se resuelve mediante la construcción, entonces será con ¿un contratista llave en mano, un contratista general o un montón de sub-contratistas?, o ¿sería mejor dejar el proceso de construcción a un desarrollador?, ¿a un inversor profesional?, y así me gustaría continuar hasta que todo se aclare y se deje por escrito para poder decidir sobre la ejecución del proyecto, y para que todos los participantes del resto del proceso lo sepan y lo entiendan.

Con esto aclarado, empezaría a buscar a los participantes para el proyecto.

Escoge a los participantes con cuidado

Como en tantas cosas en la vida, la elección cuidadosa de nuestros socios en el proyecto también se aplica aquí. Y en este caso es aún más difícil, porque generalmente debemos elegir varios socios para nuestro proyecto. Y al hacerlo, no podemos ser muy cuidadosos, porque pronto estaremos actuando como un equipo de jugadores, todos participando en un juego tan rápido como el baloncesto.

Pero en la mayoría de los proyectos comenzamos disparándonos a los pies, porque elegimos los participantes a través de un concurso.

Evita la maldición de la competencia

Un proyecto de construcción típicamente empieza con una licitación, al menos si se trata de un proyecto público, donde la competencia al menos en Europa es casi obligatoria por las leyes y regulaciones. Pero cuál es su razón, y esto, ¿es sostenible en la realidad de hoy?

Esta competencia se basa en el supuesto de que el cliente sabe lo que quiere, y que es capaz de expresar sus deseos en el programa de manera que los participantes pueden entender y ser capaces de traducirlo en sus propias visiones, formuladas en una forma comprensible para el cliente. De hecho, es un diálogo muy complicado de llevar a cabo en una manera muy formal, y en la Europa de hoy en día superando las barreras del idioma dentro de la comunidad europea.

Y aquí nos encontramos con el primer error fundamental, que se deriva de una visión racional del mundo. El cliente casi nunca está calificado para formular sus requerimientos sobre algo que no existe. Sus deseos deben ser formulados en un diálogo creativo como parte del proceso mismo, donde ideas y visiones se intercambian frente a frente

La competencia es una ruta segura en la dirección equivocada, si queremos un proyecto factible, donde lo económico y el plazo son respetados lo mismo que la calidad.

Uno de los arquitectos daneses líderes de nuestra generación, Boye Lundgaard (1943 -2004), lo dijo de esta forma, cuando alguna vez conversamos sobre las licitaciones: Pocos clientes se dan cuenta de lo mucho que se traba un proyecto cuando nos piden que sólo hagamos unos bocetos.

Es probable que solo clientes públicos, semi-públicos, y tal vez los aficionados, utilicen esta forma primitiva para la selección de socios, y tal vez sólo, en el caso de los clientes públicos, porque la legislación los obliga. Si realmente entendieran la naturaleza del proyecto no muchos contadores y abogados llegarían tan lejos pidiendo elegir el equipo basado en el precio más bajo y no en la confianza.

Yo mismo he defendido la selección de un contratista principal con base en la confianza y a un "costo razonable" para nuestra asociación de vecinos residentes, y debo decir que no es fácil, pero sí se puede hacer. De hecho, a veces siento que una licitación es solo una excusa conveniente para evitar un diálogo que toma tiempo.

Pero déjenme pasar al proyecto en sí.

La clave para la comprensión del nuevo proyecto y de su gestión será el Valor, el Flujo y las Operaciones. El Último Planificador, naturalmente, seguirá siendo importante en mi forma de pensar, pero primero me gustaría tratar de entender el proyecto desde las tres perspectivas y organizarlo de acuerdo con ellas.

Valor

Crear valor es el propósito final del proyecto, y esta perspectiva por lo tanto, debe ser un elemento clave en la gestión de cualquier proyecto, también fuera de la industria de la construcción. Pero por desgracia, este aspecto está mal manejado en gran parte de la gestión de proyectos que he visto en mi vida profesional, donde me he manejado con la suposición básica de que los intereses del cliente lo eran todo.

En primer lugar, usted entrega sus mejores recomendaciones, pone todo su esfuerzo, toda su atención, hasta que el problema se resuelva, y luego usted esperar que el cliente honre sus esfuerzos de manera adecuada, de forma que tanto él como usted estén felices y puedan reunirse de nuevo para los desafíos del próximo proyecto.

Por supuesto Usted piensa en el proyecto del cliente todo el tiempo, tanto mientras trabaja, como cuando pasea al perro, navegando en el lago o cuando juega con sus amigos. El proyecto y las posibles mejores soluciones para la próxima vez siempre están en su mente, usted apoya el proceso del cliente con sugerencias que él puede rechazar o aceptar. Y no es menor si las utiliza para obtener nuevos proyectos que ambos disfrutarán.

La cooperación con su cliente y su grupo debería ser un juego en equipo si se quiere tener éxito, y aquí confianza es la palabra clave. Entienda que la confianza debe estar en todas partes, y eso incluye tanto tu organización como la del cliente.

La creación de valor está basada en buena cooperación, beneficio mutuo y entendimiento, esto es un valor en sí mismo en el proyecto. En mis primero años como consultor tuvimos relaciones con nuestros clientes que eran como una amistad, sabíamos y nos comprendíamos el uno al otro y así con esa sinergia generamos increíbles resultados.

El valor es de hecho difícil de cuantificar, mientras el costo parece ser bastante exacto. Debido a esto, a menudo uno tiende a usar el precio como criterio para la selección de los compañcros en lugar del valor. Pero el precio no es para nada preciso en la práctica, ya que los proyectos sin reclamos ni gastos adicionales son casi una utopía en el mundo real.

Para ponerlo en la perspectiva del eterno triangulo: La preocupación por las operaciones y el dinero reduce el valor y daña casi con seguridad cualquier esperanza de una buena cooperación y un flujo eficiente, y por lo tanto destruye la productividad.

Un proceso creativo común

Si yo como cliente quisiera empezar un nuevo proyecto, mi primer desafío sería escoger, ¿a quién quiero en mi equipo?

Estamos juntos para "ganar", no estoy construyendo para ahorrar dinero, lo cual no significa que el presupuesto deba descuidarse. Sin embargo, ¿no deberían el programa, y por supuesto todas las partes interesadas estar felices, durante todo el camino hasta el día en que el edificio sea demolido?

Así es como yo definiría las reglas para el juego -antes de recibir postulaciones para participar- si se me permitiera, tal como a un entrenador de fútbol, reunir a mi propio equipo. Sin precalificaciones, tan solo postulaciones, de la misma forma en que lo haría si estuviera buscando un nuevo empleado para mi propio negocio.

Entrevistaría a los posibles participantes, no a los directores de las compañías, sino que a los empleados clave que ellos sugieran para mi proyecto. Y escogería a aquellos con los que me relacione mejor, con la expectativa de que ellos son las personas más capaces de transmitir mis visiones a sus propias organizaciones, de la misma forma en que yo lo haría con la mía. De hecho, aquí tenemos un cuello de botella vital en el flujo de información. Lo mismo se aplicaría al escoger compañeros para la ejecución. El flujo seria mi preocupación, y un flujo eficiente requiere confiabilidad y confianza, y por ello una forma de cooperación fácil y amigable.

Después empezaría con una serie de talleres de trabajo, donde todos podríamos comenzar a conocernos y encontrar nuestra forma de cooperación, o descubrir a tiempo de que no coincidimos. Muchas veces nuestros problemas para cooperar se deben a que no pensamos de la misma forma ni hablamos el mismo lenguaje, por lo que tenemos que conocernos y asegurarnos de que podemos trabajar juntos, antes de que el proyecto pueda encontrar su camino al éxito dentro de una familia armoniosa. Nosotros solo creamos el ambiente y establecemos los requisitos, mientras que es el proyecto como un proceso en sí mismo el que genera su éxito o su fracaso. Mis mejores proyectos siempre han sido aquellos en que los participantes han estado satisfechos con el progreso, y afortunadamente a lo largo de esto años ha habido una gran cantidad de estos.

Hay muchas formas de comenzar una buena cooperación, de la misma forma que una buena amistad, y eso es lo que se necesita en un proyecto. He experimentado con algunos ejercicios para consultores, pero raramente me han convencido de que son la manera correcta, aunque todo es cosa de gustos. Personalmente prefiero sentarme y tener una amistosa discusión sobre la teoría del proyecto y la vida diaria de una forma relajada y decirles a los participantes que estamos aquí para trabajar, y si lo hacemos apropiadamente, habrá suficiente dinero en el presupuesto para asegurarse de que todos podamos irnos a casa felices.

Gestión del valor

Con la teoría VFO en mente, es bastante natural que yo organice mi proyecto con tres subgerentes de proyecto, uno para cada perspectiva del eterno triangulo, y cada uno con sus propias tareas claramente definidas en relación con la teoría VFO.

Así que en primer lugar: ¿Dónde está el gerente de valor del proyecto de hoy?

Cuando el objetivo del proyecto es crear valor, solo puede ser natural que haya una persona en la gestión del proyecto que se asegure de que esto suceda. Todos los días y en todo momento, desde el principio hasta el final. Que el proyecto entregue el valor esperado, y que sus procesos asociados también.

Pero algunos dirán que el valor ya está determinado por el programa de construcción o el diseño básico. Pero, ¿y qué hay del proceso?, pregunto yo. ¿Acaso el cliente duerme tranquilamente en la noche confiando en que el proyecto se terminará tal como fue planeado? ¿El mundo que nos rodea tiene confianza en que el proyecto se entregará tal como lo habíamos prometido?

La gestión del valor quizás no es el trabajo más grandioso en la gestión de mis proyectos una vez que estos han comenzado, pero es extremadamente importante, porque la creación de valor es el único propósito del proyecto.

Por eso un gerente de valor diligente será una persona clave en mi proyecto. La tarea no es necesariamente grande, pero puede tener un tremendo impacto en el éxito del proyecto. Detrás del cliente hay un amplio rango de partes interesadas y debe haber alguien en mi organización que tenga el tiempo de escucharlas, e introducir sus preocupaciones en el proceso todos los días.

Por desgracia, en la práctica, nunca he tenido la oportunidad de probar tal gestión del valor, por lo que solo puedo especcular sobre aquello por lo que se debe preocupar el gerente de valor. Si tuviera que hacerlo hoy, contrataría a una persona con grandes habilidades sociales, una que pueda generar un sentimiento de confianza y felicidad, pero de forma seria.

En el proyecto danés de suministro de gas natural, teníamos un grupo que llamábamos Ingeniería de Sistema. Aquí un grupo pequeño de ingenieros observaban de manera constante el muy dinámico proyecto y se aseguraban de que cumpliera con las expectativas técnicas del cliente. Muy útil e importante como siempre, aunque era solo una parte de la gestión de valor.

Otro elemento incluyó a nuestra propia casa la cual estaba siempre abierta y a la primera oportunidad se usaba para una fiesta, a menudo a costa de NIRAS. Teníamos muchos participantes extranjeros en el proyecto, y conseguir que salieran de sus habitaciones de hotel para reunirse en nuestra gran cocina, puso las bases para una buena cooperación. Muchos problemas se resolvieron junto a la mesa de la cocina.

Pero acaso esto contribuyó a la creación de valor, oigo a mi crítico editor murmurar, y sí, sí lo hizo. Descubrimos muchos obstáculos junto a la parrilla de la cocina y los removimos de inmediato. A menudo, el cliente también era un invitado y lo que Greg Howell llama las preguntas de las dos cervezas no tan solo eran respondidas en esas tardes, sino que nos acercaron aún más al éxito del proyecto.

Posteriormente, cuando trabajé en los proyectos de abastecimiento de gas doméstico, escribí una pequeña epístola titulada: ¿Qué hace una compañía de gas natural? Me encontraba en el medio de la frenética fase de construcción, y la respuesta a mi extraña pregunta fue, que ella provee energía. No gas, solo energía, algo que todos los futuros clientes ya tenían en forma de quemadores de aceite, estufas o cualquier otra cosa por el estilo. Así que escribí, tienes que salir y vender un valor que los clientes ya tienen. La legislación Danesa reduce las oportunidades para una genuina competencia de precios, por tanto evidentemente debería haber algunos otros pocos beneficios que vender. Encontrarlos fue el desafío del personal de ventas.

Pero, tal como señale antes, puedes desbaratarlo todo en la fase de construcción, si tus subcontratistas de tuberías están actuando brutalmente, como generalmente lo hacen los contratistas de construcción. Si han dejado el patio delantero como un campo de batalla, puedes decirles adiós a más clientes en esa calle o en sus asociaciones de vecinos. En otras palabras, no escojas a tus contratistas por el menor precio, sino por el mejor valor. Y esto aplica no solo a líneas de gas, sino también a la rehabilitación de proyectos en los cuales trabajamos en la propia casa de las personas.

Y ocurre de la misma forma en nuestra comunidad, en la que a menudo creamos una incontable cantidad de excavaciones para túneles y caminos, solo porque es la opción más barata.

Cuando el enlace Øresund entre Dinamarca y Suecia fue construido, el cliente hizo un gran esfuerzo para mantener a los vecinos felices, un valor que a menudo es olvidado en los proyectos de construcciones grandes. Su criterio fue definido por escrito y su cumplimiento era medido regularmente a medida que el proyecto progresaba (2).

En realidad, mi gerente de valor tendrá bastantes tareas durante mi proyecto.

Flujo

En 1997, Glenn Ballard escribió un artículo llamado: ´Look Ahead Planning – the Missing Link in Lean Construction´ (La planificación intermedia, el eslabón perdido en la Construcción sin Pérdidas). En este documento él apuntó a la necesidad de mirar hacia adelante en el proyecto, y de preparar las tareas que emergerán en las semanas siguientes. En otras palabras, la logística. Esto es lo que ocurre durante la etapa de planificación ´puede ocurrir´ del Último Planificador (3).

Glenn transformó la preparación de las operaciones del proyecto en una disciplina en sí, y movió el foco de la gestión de las operaciones al flujo, y más aún a la preparación, para así crear confiabilidad. La Física de la Producción había abierto la teoría de colas para él y para Greg Howell, y se habían dado cuenta de que la confiabilidad era la llave para un mejor flujo y así mediante un proceso más rápido y con menores costos, incrementar la capacidad practica del sistema.

La mayor confiabilidad transformaba parte de los dos tercios de las horas de trabajo que no generaban valor, en trabajo que, si lo agregaba, y todo por si solo. Con una mejor logística el trabajo simplemente fluía más regular. El proyecto va más rápido, los trabajadores contratados por pieza ganan mejor, porque su tiempo ocioso se reduce, y todo el mundo está contento.

Gestión del flujo

En nuestras pruebas con el sistema ´Logística de Construcción´ nos dimos cuenta muy pronto que una persona sería necesaria para encargarse de la logística. A falta de un nombre mejor, lo llamamos el proveedor, un nombre que en ese tiempo era usado para el agente que se aseguraba de que todo estuviera en orden durante el festejo de las bodas de plata en los salones de fiestas. Un concepto fino, y con el hombre o la mujer indicados para el trabajo lo vimos funcionar una y otra vez. Primero vimos al proveedor como un complemento del gerente de construcción, quien ahora podría preocuparse de asuntos formales como trabajo extra, aseguramiento de calidad y los pagos. Mientras que, el trabajo del proveedor era coordinar y asegurarse de que todo el flujo funcionara.

¡Y funcionaba! De hecho, tan bien, que para la sorpresa de todos casi podíamos hacerlo sin un gerente de construcción.

Hoy día, un gerente de procesos a dedicación exclusiva sería entonces una persona clave en mi proyecto. Su tarea primaria seria hacer que el Último Planificador operara en nuestro trabajo diario y facilitar la cooperación.

Unos pocos contratistas daneses adelantados ya se habían percatado de esto, y habían movido las reuniones de avance lejos del sitio de construcción, de vuelta a la oficina principal. Si los equipos gestionaban por si solos el flujo diario, con el gerente de procesos como coordinador, entonces no deberían ser molestados por las formalidades de las reuniones de progreso, temas de dinero y discusiones, que podrían fácilmente destruir la buena atmósfera en el día a día del proyecto.

Operaciones

Las operaciones son, por así decir, la sala de máquinas del proyecto. Es aquí donde se hace el trabajo con las maquinas amarillas y hombres con cascos y zapatos de seguridad. Así es como todos entendemos la construcción. Aquí es también donde se gasta el dinero, y es aquí donde nos gustaría ver el bien aceitado y eficiente progreso. Pero también es aquí es donde a menudo cometemos los más serios errores al organizar el proyecto.

¡Intentamos ahorrar!

La competencia baja los precios y nadie parece entender que es el trabajo del proyecto gastar el dinero, aunque debe hacerlo sensiblemente. Pero el Proyecto no tiene nada que ver con ahorrar dinero. Una vez que hemos comprobado que el valor generado vale su precio, la tarea es alcanzar este valor, que encontramos razonable. Para entonces ya deberíamos saber que este proyecto nos costara X millones, y que así será. Entonces, el objetivo será asegurarse de que se logra el valor con el presupuesto y en el plazo. El tiempo se cuida manejando el flujo, lo que al mismo tiempo facilita los costos al reducir las pérdidas, especialmente de las de tiempo.

En otras palabras, deberíamos buscar al mejor proceso y el flujo más confiable, ¡y no el más barato! todo el tiempo y todas las veces, porque al final es el proceso más productivo el que genera los costos más bajos. Si no podemos costear la construcción, entonces en primer lugar será mejor abstenernos de hacerla, en lugar de manejar mal el proyecto intentando gastar lo mínimo.

Desafortunadamente, nuestras prácticas nos instan a seleccionar nuestros participantes por el precio más bajo, y así nosotros mismos compramos el fracaso del proyecto.

¡El precio más bajo nos lleva inevitablemente a una baja confiabilidad!

Los licitadores siempre están buscando rendijas en los documentos de licitación, para posteriormente poder generar costos adicionales, y así ganan por un precio que en todo caso va a estresar a su propia capacidad de producción al extremo, lo que genera atrasos y una baja confiabilidad, esto a su vez destruye el flujo y el negocio de los demás participantes. Una vez más, esto nos lleva a nuevos reclamos, peleas y mala atmósfera en todas partes, allí donde el objetivo debería ser la cooperación, el flujo eficiente y un buen día para todos.

Oh si, compramos nuestros propios problemas para el proyecto, y pagamos bien por ellos.

Por lo tanto mi estrategia, suponiendo que es posible, es escoger a mis participantes por confiabilidad. Si se necesita un precio fijo, les pediré que lo ofrezcan y que sea revisado por un tercero independiente pero no para buscar un menor precio alternativo porque un precio alternativo demuestra desconfianza- y después si el precio es justo recién hacer un trato. Si los precios del contratista y del tercero no calzan, generalmente hubo un error en la evaluación en algún lado, y la solución será encontrar el error antes de que el trato sea firmado.

Como ya lo dije, nosotros no construimos para ahorrar, y menos basados en las fallas de las otras partes involucradas, el éxito del proyecto se basa en la confianza, confiabilidad, cooperación y en negocios justos para todos. Nadie se beneficia al participar en un proyecto en el que alguien pierde dinero porque ha calculado mal su oferta.

Aquí yo asignaría un presupuesto apropiado para contingencias, porque lo inesperado pasa y pasa muy seguido en un proyecto. Y cuando esto ocurra, tendría una actitud accesible en el caso de que se trate de errores de cálculo evidentes o de eventos impredecibles reales. No estoy realizando el proyecto para ahorrar, sino que gasto dinero para crear valor, y así mantenerme la buena cooperación y un flujo suave.

Justo dentro del presupuesto, eso es, pero definitivamente no más, porque ahí es donde comenzamos a perder valor, Si gasto más de lo previsto en mí presupuesto esto va a influenciar otras actividades dentro de mi grupo de partes interesadas.

Es raro que haya visto esta aparente asimetría en el precio expresada claramente, pero ha sucedido. Un centavo ahorrado del presupuesto raramente tiene el mismo valor que el dolor de gastar un centavo por sobre el presupuesto.

Gestión de contratos

Denominaré Gestión de contratos al liderazgo de la tercera dimensión del triángulo: Las operaciones. Es lo que queda como la tercera pierna del triángulo, cuando el programa es tomado en cuenta por la gestión del flujo, que es cómo podemos llamar a los últimos planificadores y sus botas de seguridad. Pero esta pequeña y molesta tarea, que fácilmente sobrepasa a las otras en la visión usual de la gestión de proyectos, debe ser cuidada por su naturaleza. Mi experiencia y la de otros es que esta tarea se facilita, si los otros dos objetivos valor y flujo ya se están cuidando. Aunque uno nunca puede estar completamente a salvo, incluso si uno ha escogido a los participantes por confianza y no por precio.

Debe haber orden en los acuerdos, en el aseguramiento de la calidad y en el presupuesto.

El sistema como un todo

¿Y quién se encarga del todo?, alguien probablemente preguntará. Por su naturaleza es el gerente de proyecto, es mi simple respuesta. Y lo hace no solo al empezar a trazar inmediatamente el proyecto y su ejecución con sus tres subgerentes de proyecto y definiendo los deberes de los que cada uno se encargará en cada fase del ciclo de vida del proyecto. Y al mismo tiempo escogiendo los métodos y herramientas que parecen relevantes.

Todo se junta en un plan maestro de acción, que apunta fundamentalmente al trabajo diario. El plan es presentado a todos los participantes, y es actualizado al menos en cada cambio de fase, ajustado a luz de la experiencia. También es aquí donde se decide que indicadores se utilizarán para monitorear el proceso y su confiabilidad. El PPC es casi obligatorio, pero hay muchos otros, y cada uno dice algo sobre la preparación de cada proceso.

En mi caso he utilizado de manera exitosa "orden en el sitio de construcción", "número de pedidos urgentes", "cantidad de bajas por enfermedad" y "número de aclaraciones de proyecto" como expresiones para las confiabilidades de los varios flujos. En mi lista hay más de 30 para escoger, y sigue creciendo. Igualmente hay numerosas herramientas que pueden usarse según se necesite, pero solo unas pocas al mismo tiempo, por favor. O mejor aún, deje a los participantes escoger indicadores adicionales, pero no más de cuatro además del PPC.

Sin embargo, estas cuatro se pueden reemplazar en las reuniones de estado que se llevan a cabo con todo el equipo cada tres meses.

Mirando más de cerca al Último Planificador, encontrará el proceso usual de planificación, - la planificación con Post-its - como algo central. Esta herramienta puede ser usada en casi cualquier lugar donde haya que acordar planes.

Otra herramienta que he utilizado exitosamente son las minutas instantáneas de reuniones. Una asistente o secretaria atiende a la reunión y escribe inmediatamente las minutas, que son mostrados en una pantalla grande para que todos puedan seguir lo escrito, y si es necesario, objetar inmediatamente. Esto, por así decirlo fuerza las decisiones en el sistema para evitar objeciones posteriores a lo que ya ha sido acordado. Las minutas son luego enviadas por correo a todos los participantes de manera inmediatamente después de la reunión, en otras palabras esto constituye un acuerdo confiable.

Este método puede sorprender al principio, pero con una cooperación adecuada todos podrán ver pronto los beneficios. Y la presión grupal a menudo podrá silenciar el alborotador que de tanto en tanto se une a la reunión.

Hay de todas maneras suficientes herramientas, por lo que uno debe tener cuidado de no juntar demasiadas de este gran buffet.

Y la confiabilidad debería estar siempre al centro, porque es aquí donde el proyecto muy seguido se descarrila.

1) http://www.theunrulyproject.com

2) Ballard, Glenn (1997): Lookahead Planning: The Missing Link in Production Control, IGLC-5, Gold Cost, Australia.

El proyecto autónomo

Lo qué las ciencias sociales
nos pueden enseñar.
Y como el arte de la guerra
entra al juego

ENTENDER EL PROYECTO como un sistema complejo al borde del caos nos lleva a un enfoque completamente distinto en cuanto a su gestión y organización. Fenómenos tales como eventos improbables e imprevisibles, emergentes y caos, son esperables en el sistema complejo, requieren la habilidad para actuar rápido y a menudo por iniciativa propia o en grupos pequeños, grupos que frecuentemente se generan en la situación y se ajustan mal a una gestión de proyecto jerarquizada con planes y procedimientos rígidos.

Las guerras modernas, desde Vietnam en adelante, han visto la sorprendente fuerza con que los pequeños, próximos, y autónomos grupos de guerrilleros han sido capaces de pelear en contra de bien organizados, armados y en el papel altamente superiores unidades bajo un comando central convencional. Esto es algo de lo que se percató el general

McCrystal al implementar en Iraq su estrategia equipo de equipos.

Los generales se han dado cuenta de que los planes en sí mismos son nada, y que la planificación lo es todo. El valor del plan reside en que se hace, y que la próxima tarea es trabajada, pero una vez que la campaña comienza en serio, el plan es solo una descripción de lo que deberíamos hacer. Lo que se hará depende naturalmente de lo que podamos hacer en la situación actual en el frente de trabajo, aquí y ahora.

Será entonces un proceso del tipo ´jalar´ (pull) en el cual la situación aquí y ahora es la que determina lo que va a suceder, una situación en la que es el proceso en sí mismo el que define los requisitos necesarios. Una logística del tipo ´jalar´, que contrasta con la convencional logística tipo ´empujar´ (Push) que gobierna de manera rígida, y basada en lo el plan dice.

En un sistema complejo donde los planes no se cumplen porque simplemente no pueden cumplirse, una gestión tipo ´empujar´ resulta evidentemente inapropiada, porque muchas acciones imposibles serán inevitablemente iniciadas. La historia de la guerra es rica en desastres de este tipo.

El control tipo ´jalar´ requiere, por otro lado, que la persona en el frente de trabajo sea confiable y capaz de evaluar la situación, para definir la necesidad de más requisitos que deberán ser resueltos antes de que la acción pueda comenzar.

El hombre en el frente de trabajo -el ultimo planificador- repentinamente se convierte en la persona clave en la gestión del proyecto complejo, y el rol de todos los demás será el de apoyar a estos planificadores con los requisitos que necesiten -información, materiales, personas, equipamiento, etc - para así asegurar que las operaciones sean factibles. Pero es el Último Planificador quién da el OK, anota la ´asignación´ en el plan para la siguiente semana, y la remueve nuevamente durante la reunión matutina, si después de todo aún no está preparada.

Repetidamente me he referido al Último Planificador -acabo de explicarlo-, el cuál es apropiadamente reconocido como uno de los elementos clave en la Construcción sin Pérdidas. El Último Planificador es una traducción brillante de la necesidad de control tipo ´jalar´ para el flujo en un sistema complejo durante el día a día de un proyecto, y una que funciona. Por esta razón es que uso este método nuevamente como mi enfoque de lo que llamo el proyecto auto organizado.

Cuando utilicé por primera vez el Último Planificador, no fue realmente algo nuevo para mí. Habíamos trabajado en parte con los mismos principios en el sistema Logística de Construcción, también conocía toda esta forma de pensar por mis muchos proyectos en Groenlandia, donde los desafíos habían sido los mismos: Los planes no se cumplen, lo inesperado sucede, así que se deja que sea el hombre en el frente de trabajo quién evalúe la situación y actúe.

Requería haber escogido al hombre indicado y que éste hubiese tomado la decisión correcta y sin cometer muchos errores, aunque esto era aceptable dentro del sistema. Luego tuvimos una mejor comunicación, y no menos importante, más barata, y la importancia de la confianza en el hombre en el frente se redujo, mientras que la obligación de informar aumento. No estoy seguro si este progreso fue para bien, porque el control remoto comenzó a imponerse. El inconveniente es que los sistemas complejos deben ser gestionados en la coyuntura, si es que se desea mantener el proceso en un estado laminar, y evitar que el flujo salte a un turbulento estado caótico.

Sin embargo, es solo ahora que escribo estos ensayos, que realmente me queda claro que el Último Planificador no es un método o una herramienta, sino que básicamente una forma de vida. Y es que en realidad, el método es lógico en el impredecible universo del proyecto. Es el hombre en el frente quién tiene la mejor percepción de la situación; tal vez le falta alguna información, pero en ese caso deberíamos apoyarlo aún más para que tenga una mejor visión y dejarlo actuar, esto en lugar de intentar actuar sin la información detallada de la situación en terreno.

Es precisamente lo que hizo el general McCrystal con su estrategia ´equipo de equipos´ y lo que, bajo el programa de investigación sobre Comando y Control del Departamento de Defensa, ha sido descrito por David S. Alberts y Richard E. Hyes en su libro Power to the Edge, Command... Control... in the Information Age[1].

Es el proceso en sí mismo el que actúa -así como los árboles crecen- y como líderes solo podemos regular el entorno y gestionar la logística, es decir el flujo de los requisitos. En el caso del árbol estamos hablando del agua, fertilizante, espacio, luz y aire, mientras que en el proyecto hablamos de los siete flujos: Trabajo previo, espacio, información, mano de obra, equipo, materiales y condiciones externas. Solo cuando todos los requisitos estén en su lugar, el árbol podrá crecer o el proyecto progresar.

Con esto en mente, permítanme repetir el método detrás del Último Planificador, pero esta vez concentrándonos en la delegación y por tanto en un proyecto autónomo.

El hombre en el frente de trabajo

Es algo que sucede en la vida cotidiana todo el tiempo. Es aquí donde las personas crean valor al construir casas o barcos o sistemas de información, o lo que sea que resulta del proyecto, y es aquí donde la independencia entra por primera vez. Por lo menos en el proceso de construcción danés en que el trabajador sabe muy bien como el trabajo se debe hacer, y donde casi todos los trabajadores que he conocido además estaban interesados en hacer un buen trabajo. Muchos de ellos estaban orgullosos del trabajo que entregaron.

Delegar es un signo de confianza y, en mi experiencia, a menudo es recompensado con un mayor interés en el trabajo. No se trata de hacer un trabajo solo porque alguien lo dijo, por ejemplo, cavar este estúpido hoyo, ahora se transformará en el trabajo de instalar un pozo y luego conectarlo con el alcantarillado, para que el agua pueda ser bombeada fuera. La tarea tiene sentido y le da al hombre en el frente de trabajo una responsabilidad, porque el siguiente hombre en la cadena estará esperando el entregable para así poder continuar con el flujo de trabajo.

Él ya no es solo ´un par de brazos y piernas´; ahora es un trabajador que tiene su lugar en el equipo, pero ahora además en el resto del sistema. Su competencia profesional entra en juego y frecuentemente aplicada por él. Lo he visto muchas veces en el día a día cuando me tomo el tiempo para explicarle a mi equipo el por qué y dejarle luego a ellos el cómo.

Mi antigua secretaria aún lo recuerda cuando algunas veces nos encontramos en el centro comercial, como le encomendaba a ella toda la operación del ´ rostro de nuestra oficina´ -escribir, solicitar, comprar y todas esas cuestiones prácticas- con unas pocas palabras sobre qué era lo importante.

Y al mismo tiempo yo lo recuerdo, como algo que simplemente funcionaba. Teníamos los reportes y otros escritos en buen orden y los documentos antiguos siempre podían ser encontrados, -y sin tecnología de la información, pero con algunos primitivos sistemas que introdujimos gradualmente.

Puede que esté mal, pero nadie parece entender esto en el proceso de construcción. Contratan el trabajo más barato en lugar del mejor. Tal vez el hombre sea barato por hora cuando solo está cavando, pero cuando el hoyo esté por desmoronarse, o cuando la tarea sea algo peligrosa y él simplemente continúe cavando, los problemas surgirán y ya no será para nada barato.

Siempre encuentre al hombre indicado y haga de él un trabajador en lugar de solo un obrero. Involúcrelo, dele responsabilidades y estimúlelo a hacer sugerencias para mejorar, las que obviamente usted recibirá de manera constructiva. La terminología de gestión se refiere a esto como Kai Zen, empleando una fina palabra de Toyota, pero en un lenguaje práctico y con las botas de trabajo puestas, a mí me suena a un: ¿Qué te parece?

Y así, estamos al mismo nivel en la excavación, y repentinamente a Karl se le permite dar su opinión sobre todo este problema, sin que para ello tenga que limpiar sus botas, ponerlas frente a la habitación y colarse en la oficina descalzo con su casco en las manos.

¡Karl se ha convertido en un miembro del equipo!

El plan de trabajo semanal

En el proyecto, es el hombre en el frente de trabajo quién evalúa la situación, y no incluye una tarea en el plan de trabajo semanal, si es que el trabajo no es factible, eso es, si todos los siete requisitos no están en orden para el momento de ejecución previsto. Una tarea no factible es no confiable y puede perturbar el flujo del proceso, precisamente donde la confiabilidad es el tema central. Es decir, la confiabilidad de los entregables resultantes del trabajo de cada tarea para el siguiente eslabón en la cadena de trabajo.

El plan semanal se acuerda a nivel de la cuadrilla semanalmente, e incluye el trabajo para la siguiente semana, pero también evalúa la subsiguiente semana, para identificar las tareas que están en camino, asegurarse de que serán factibles y de que todos los participantes tendrán algo que hacer.

En el mejor de mis proyectos, ha ocurrido que dos o tres jefes de cuadrilla vinieron a la reunión con un plan para el piso en el que trabajaban y decían: Planeamos hacer esto, esto la siguiente semana, y luego esta parte del plan. ¿Qué más además de OK puedo decir?

Es aquí donde el elemento ´se hará´ entra.

El plan semanal es revisado en una pequeña reunión cada mañana donde las tareas del día son confirmadas y los detalles prácticos son acordados.

La confiabilidad del plan es establecida por el muy simple PPC -Porcentaje de Programa Completo. El índice PPC señala cuantas tareas que debieron haber sido hechas, fueron efectivamente terminadas. Debido a que el PPC evalúa la confiabilidad del flujo, tiene solo dos respuestas posibles, sí o no. Un sí, significa que la tarea fue completamente finalizada y aprobada por los equipos para emplear sus resultados. Se despejó el espacio, el exceso y los desechos de materiales fueron removidos y en todo sentido se encontraba lista para la que la siguiente tarea pueda comenzar sin ningún inconveniente. El PPC expresa confiabilidad, por lo que una tarea no terminada revela un punto débil del flujo, especialmente si hay un fallo en un mismo lugar una y otra vez. Intervenir aquí tiene un efecto inmediato, que aumenta la confiabilidad a través del proyecto. En mi caso, generalmente no trato de alcanzar un 100% porque esto es solo posible subutilizando la capacidad, así que prefiero apuntar a un 80-90%, a medida que los puntos débiles se identifican y refuerzan.

Por lo tanto, el PPC evalúa lo que realmente pasó, para establecer la cooperación correcta, en un contexto en el que a menudo quejarse del plan es un deporte.

En un proyecto de rehabilitación en Vesterbro, Copenhagen habíamos organizado una especie de celebración para la tarde de un viernes con cervezas y hamburguesas. Casi todos estaban presentes, menos los pintores, situación que me causó extrañeza.

Subí al quinto piso, y encontré a todos los hombres pintando como si su vida dependiera de ello. Les recordé que estábamos reunidos en el almacén y que los estábamos esperando. ´No iremos´, dijeron, ´nos comprometimos en el plan semanal de trabajo a terminar estos departamentos hoy, así que tenemos que terminarlos´. Ni siquiera mis argumentos, señalando que estaba seguro de que su trabajo no estaba comprometido como un entregable para nadie la mañana del lunes lograron convencerlos de bajar por la cerveza.

¡Se habían comprometido con algo y mantuvieron su promesa, punto!

Mientras que los planes diarios y semanales son bastante simples de cumplir, el plan de mediano plazo o plan de 3 semanas es a menudo más difícil, aquí nos movemos en un territorio sagrado.

Los últimos planificadores liberan a los siempre ocupados y estresados superintendentes de gran parte del trabajo diario de planificación. Así, estas buenas personas tienen ahora tiempo libre que pueden usar para preparar las tareas futuras y hacerlas factibles, típicamente para un horizonte futuro de tres a cinco semanas.

Sin embargo, a menudo ellos se sienten redundantes. Antes, usualmente estaban muy ocupados apagando incendios cada hora, se la pasaban corriendo con el celular en el oído lanzando golpes al aire y zapateando; y ahora repentinamente las cosas están silenciosas por todas partes, y el proyecto avanza como por sí solo. Se están convirtiendo de guerreros en jardineros.

Pero no se preocupe, hay suficiente trabajo pendiente, aunque ahora ya no son las operaciones, sino el flujo y la logística las que deben ser su preocupación clave.

Recuerdo la conmoción que me generó una reunión con el Directorio de un gran astillero cuando presenté el concepto, y el director de economía inmediatamente sugirió que con esto se podrían ahorrar 25 gerentes intermedios.

Me tomó una taza de café extra y respirar profundamente tres veces antes de recomponerme y decir que de ninguna manera podrían hacer eso. Estas personas con experiencia no eran redundantes, ellas más bien deberían aprender a mirar hacia adelante en el proceso y crear confiabilidad.

Les dije, no puede estar bien que tres días antes de la fecha pactada de entrega de un motor auxiliar para su barco, le digan que desafortunadamente está atrasada en tres semanas. Mejor usar estos capataces con experiencia para mantener la cuenta de la confiabilidad de sus proveedores y hasta posiblemente ayudarlos a aumentarla y así se ahorrara mucho en el proceso. Eso es lo que hace Toyota.

Hubo un silencio extraño alrededor de la mesa y sentí, que en unos pocos minutos mi trabajo como consultor habría terminado. ¿Debemos ayudar a nuestros proveedores a aumentar su propia productividad?, preguntaron, y yo dije: Si, ¡si eso aumenta vuestra propia confiabilidad y productividad!

Durante la construcción diaria son las reuniones semanales, donde se revisa la planificación intermedia, en las que crea esta confiabilidad. Es aquí donde todos los superintendentes o como sea que se les llame hoy en día, acuerdan quien se hará cargo de cada una de las siete condiciones para cada futura tarea. Aquí el PPC también se utiliza para aumentar la confiabilidad, pero como en este caso es obligatorio un flujo confiable para todos los requisitos, aquí si buscamos un PPC de 100%.

Es también en esta reunión donde el proceso es evaluado como un todo. ¿Estamos cumpliendo con el programa maestro?, y si nos estamos atrasando, ¿en cuál de los siete flujos está la restricción?

Es como cuando el árbol no crece, el desafío está en identificar el requisito faltante y resolverlo. Si en el proyecto, el problema es el flujo de información, no ayudará traer a más personas para el trabajo, lo que a menudo es la acción habitual. Pero hacer esto solo aumenta los costos y algunas veces crea aún más problemas al consumir espacio, lo que a su vez podría convertirse en la siguiente restricción.

La planificación intermedia es así una característica extremadamente importante del Último Planificador, ahora basada en un sólido entendimiento del proyecto como un proceso en que el control del flujo es muy importante.

Es así como, La planificación intermedia expresa los elementos del ´puede suceder´.

En cuanto a los superintendentes involucrados, generalmente les ocurren muchas cosas. Primero se tornan más relajados, tienen más tiempo para la familia y el perro, y en segundo lugar aprenden a mirar hacia adelante y a anticipar los problemas que puedan surgir.

El horizonte de esta planificación depende por supuesto de la naturaleza del proyecto, y por años pensé que también de su tamaño. La remodelación de un baño: 2 semanas, un nuevo garaje con espacio de almacenamiento: 3 semanas, un nuevo centro para los ciudadanos mayores: 4 semanas y un nuevo hospital o salón de conciertos: 5 semanas. ¿Acaso esto no suena lógico?

Pero hoy ya no pienso así. El proyecto podrá ser más grande, pero puede no requerir un mayor periodo de tiempo para su logística. Puede haber flujos con largos tiempos de espera, y estos deben ser monitoreados por separado, pero cada vez estoy más y más convencido de que tres o máximo cuatro semanas debería ser la regla.

El plan de proceso

Obviamente toda la ejecución del proyecto no se puede llevar a cabo sin un plan general. Esto es lo que aquí en Dinamarca llamamos el plan de proceso, porque identifica el mejor proceso para todas las partes. En otros países puede tener otros nombres, pero a mi entender, tiene el mismo propósito clave que es mapear el mejor proceso, y tal como con el Plan Intermedio prefiero denominar a los planes por lo que ellos hacen

El plan se hace al principio de cada fase, con la cooperación de los capataces y de los superintendentes involucrados. Trabajando en conjunto se revisa el proceso previsto y se define la mejor forma de abordarlo, tomando en cuenta todos los intereses y respetando los objetivos e hitos del plan maestro.

El plan de procesos frecuentemente se realiza con un método denominado ´Planificación por Arrastre´ o ´Pull Planning´, donde la planificación principia a partir del hito final y gradualmente retrocede a través de los requisitos para las tareas identificadas. Se realiza durante una sesión de planificación con notas post-it, donde todos los involucrados organizan la logística utilizando estas notas, cada nota representa una tarea –y cada color una cuadrilla-, se las organiza en la mejor secuencia posible sobre una muralla o sobre un papel, clarificando y negociando sus interdependencias.

El plan de procesos expresa de esta forma el elemento ´debería´ en el sistema el Último Planificador.

Nuevamente, la delegación de responsabilidad aparece. Ahora son los mismos contratistas los que están definiendo cual es el mejor proceso y no la jefatura del proyecto. Quizás no es el proceso óptimo el que se está acordando -aunque esto raramente lo sabemos hasta después-, pero si los trabajadores Daneses lo han discutido y han acordado un proceso específico entonces este es sin duda el mejor, y es lo que generalmente se entrega.

Y lo más importante, ellos son los dueños del proceso de ahora en adelante y pueden con todo derecho sugerir mejoras, lo cual sucede casi siempre.

Créalo o no, la satisfacción en el trabajo aumenta y el número de accidentes disminuye de manera significativa, y el éxito se asegura. Y así de esta forma realmente se habrá creado confiabilidad en el flujo.

Crear confiabialidad

El proceso del proyecto es resultado de un flujo dinámico y complejo con riesgo de turbulencia y por tanto de caos. En la práctica, un detallado control vertical esta fuera de nuestras posibilidades, y como líderes solo tenemos la posibilidad de crear confiabilidad, diseminar información, delegar y construir sobre esa confianza.

Stalin dijo que la confianza es buena pero que el control es mejor. El profesor danés de ciencias políticas y confianza, Gert Tinggaard Svendsen, le ha dado un nuevo giro a esta afirmación y él sostiene que el control es bueno, pero que la confianza es más económica. La confianza es la fuente oculta del bienestar de tribus escandinavas, argumenta él, porque la confianza genera más confianza, además de iniciativa, ingenio y voluntad para proveer. La productividad y la calidad de trabajo aumentan cuando una compañía muestra confianza en sus empleados. La gente a la que se le muestra confianza simplemente se desempeña mejor y está más satisfecha.

Así es que tenemos un recurso gratis, solo esperando a ser liberado.

La confianza es también un capital que se puede utilizar cuando los eventos inesperados ocurren. Y ocurren porque en la economía de la producción, yace un incentivo para aumentar la velocidad, lo cual está empujando el proceso hacia el límite del caos, donde incluso pequeñas perturbaciones pueden gatillar la fatal transición de flujo laminar a flujo turbulento y caótico.

El eterno triángulo del proyecto, la pugna entre valor, tiempo y costo contiene un riesgo latente de caos. Así que las tres dimensiones deben existir en balance, y nuestro manejo de esta situación debería respetar el riesgo mediante la generación de confianza.

Sin embargo, hoy en día en la vida del proyecto el trato de las tres dimensiones no está basado en crear confianza, sino más bien en la expectativa de conflicto. Escogemos los participantes por ya sea costo más bajo o por su mayor belleza, justo como en los matrimonios antiguos donde la mayor dote o el mayor prestigio, importaban más que el amor. Nos embarcamos en complejos y riesgosos proyectos con participantes que son vitales para nuestro éxito, pero tratamos de conseguirlos tan barato como sea posible.

No sé cómo el explorador danés Knud Rasmussen (1879-1939) habrá escogido a los participantes para las expediciones al Thule a principios de 1900 -no anotó nada sobre esto en sus memorias- pero difícilmente habrá sido por el menor precio. Cinco hombres y sesenta perros en el medio del invierno viajando desde Thule hacia el yermo norte de Groenlandia. Sin suficiente comida para hombres y perros durante todo el viaje, pero con la confianza de que la encontrarían por el camino en forma de bueyes almizcleros, renos, focas y otros animales de caza, y apostando a ello su propia vida y la de los demás.

¿Me pregunto si la confianza fue la gran prioridad en la elección de los participantes, y no menos la confianza en ellos cuando lo inesperado ocurrió, como lo hizo una y otra vez?

Probablemente lo mismo se aplicaría a todos los proyectos en los que, sin importar que tan comunes y rutinarios parezcan, lo inesperado siempre implicará un riesgo que demandará acción inmediata in situ. Como hace una hora, cuando Sonja repentinamente descubrió que la mayonesa que estaba preparando comenzó a separarse. Yo habría entrado en pánico y hubiese buscado en los libros de cocina, pero ella simplemente vertió un poco de agua en el recipiente y continuó. Es la confiabilidad y el conocimiento sobre cómo manejar situaciones críticas sin órdenes desde arriba, lo que hace que el sistema funcione.

Esta robustez es la que se espera para un proyecto complejo. Roles bien definidos, criterios de éxito claros y comunes, entendimiento de la situación y la habilidad de actuar de manera espontánea sobre lo que se requiere. Es decir, el ¡Último Planificador!

El Último Planificador se ha convertido en una expresión de la filosofía de gestión, con la cual crecí: Genera confiabilidad en tu organización. Hazlo simple, demuestra confianza, comparte toda la información y delega.

Los participantes de tu proyecto generalmente pueden hacer mucho más de lo que piensas, y si les haces sentir que participar es entretenido, entonces ya casi lo lograste.

Cuando era un joven ingeniero, estuve a cargo del proyecto de expansión de unos tanques de almacenamiento de petróleo en Groenlandia, un trabajo que incluyó su planificación, ingeniería y supervisión. Durante un tour de monitoreo, en lo que en ese entonces se llamaba Jakobshavn y ahora Ilulissat, descubrí una mala instalación de tuberías en un punto de bombeo. Las tuberías venían bien dispuestas junto al borde de la montaña, una encima de la otra, gasolina encima, queroseno en el medio y el petróleo en la parte baja. Las tuberías aún no estaban pintadas, por lo que era difícil seguirlas cuando entraban a los filtros, bombas, separadores de aire, medidores y salían por el otro lado. Se encontró que al salir del punto en cuestión las tuberías se habían entreverado, por lo que ahora el petróleo estaba arriba y la gasolina abajo, lo cual funcionalmente no importaba mucho, excepto que éramos bastante estrictos con siempre tener las tuberías en el mismo orden para evitar errores en la oscuridad del invierno.

Ubiqué al capataz de tuberías y le señale el problema. Él era un hombre grande y fuerte, me miro hacia abajo y me dijo que las malditas tuberías no estaban cruzadas, que llevaba instalando tuberías por veinte años y que un error como ese no lo cometería. Yo lo había conocido el año anterior por lo que tranquilamente le dije ´veintiuno´.

¿Cómo?, dijo él. Bueno el año pasado dijiste veinte años, así que ahora deben ser veintiuno. Los trabajadores detrás de él comenzaron a reír, así que solo atiné a esperar una cachetada. Pero luego él esbozó una gran sonrisa, justo cuando le ofrecía apostar una cerveza a que yo estaba en lo correcto, y así nos dirigimos al punto y lo revisamos. Aún recuerdo su cara cuando tomó el tubo de la gasolina, siguió su recorrido y finalmente vio donde terminaba...

Las cervezas que nos tomamos juntos la noche del sábado siguiente, a mí cuenta, ayudaron a crear un equipo de tuberos que en los años siguientes fue extremadamente leal y servicial.

Los proyectos que tomamos esos años se extendieron desde Nanortalik en el sur a Thule en el norte, Y se convirtieron en grandes éxitos porque nos las arreglamos para crear una atmosfera de alegría por participar y de ser tratado con justicia.

Y tal vez también fue porque nuestro cliente, el Ingeniero en Jefe Bogekjaer de la Organización Técnica de Groenlandia, me había amonestado cuando después de que en una licitación yo había señalado un error en la propuesta ganadora, donde siendo estricto, los precios deberían haber sido más bajos, pero en esa oportunidad él me dijo: Ingeniero Bertelsen, Usted debe entender, que necesitamos construir tanques de almacenamiento de petróleo año tras año, y por tanto dependemos de la experiencia de nuestros contratistas. Si no los tratamos apropiadamente, cuando ellos cometan un excusable error de oficina, entonces podrían no querer participar en nuestros proyectos, y en ese caso seremos nosotros los perdedores.

Sabiduría, pese a ser dinero público, con reglas estrictas y auditores.

Cooperacion e interés propio

Recientemente hemos recordado el 70 aniversario del final de la segunda guerra mundial y desde ese entonces no hemos tenido un conflicto armado entre países del oeste de Europa y Norteamérica, aunque si nos hemos involucrado en demasiadas guerras en otros lugares.

Al mismo tiempo hemos visto un crecimiento histórico y sin precedentes de la prosperidad y también del bienestar en el norte de Europa. Para mí, que he vivido estos 70 años, la paz y la cooperación han sido la clave de éste éxito.

Al principio de los años 90, el NIRAS tenía bastantes proyectos en la antigua Europa del Este, Yo me mantenía ocupado con proyectos principalmente en el norte de Rusia. Aquí el antiguo pensamiento comunista de todos somos iguales y de que no nos engañamos entre nosotros, todavía existía sin embargo todos engañaban a todos sobre sus capacidades.

No poseo conocimiento en este campo, pero siento nuevamente una especie de número de Reynolds. Existen fuerzas que nos obligan a permanecer y cooperar, y hay otras que nos llevan a seguir nuestros propios intereses.

El lema libertad, igualdad y fraternidad de la revolución francesa es una contradicción, según uno de mis colegas, porque la libertad lleva a la competencia, mientras la fraternidad lleva a la cooperación. Y estaba en lo cierto, por que como siempre, se necesita un balance entre las fuerzas que nos dirigen y las que nos detienen.

Siento que aquí tenemos al eterno triángulo una vez más y pienso que encontraremos este mismo equilibrio en muchos otros sistemas sociales tales como abejas y hormigas, peces y pájaros, animales y por supuesto humanos.

El proyecto es un sistema de sistemas

Permítanme antes de volver al proyecto, ver a las hormigas y aprender, tal como dice el antiguo testamento. Muchos de nosotros vemos un hormiguero como una colección de pequeñas y molestas criaturas que invaden nuestros tarros de mermelada, aunque en realidad este hormiguero es un sistema de sistemas. Cada hormiga puede parecer un simple insecto, pero considerando su tamaño, en conjunto poseen maravillosas habilidades constructivas. Las termitas pueden fácilmente construir termiteros de hasta 3 metros de altura, y si comparamos esto con nuestra escala, donde una termita es quizás el décimo de una pulgada, nos damos cuenta de que para los humanos significaría construir casas de al menos un kilómetro y medio de altura. Y hacerlo como parte de su trabajo diario y bastante rápido. Cuando revisamos su clima interior nuevamente nos encontramos con maravillosas habilidades ingenieriles. La variación de la temperatura se mantiene dentro de una fracción de grado centígrado, día y noche y únicamente a través de una ´ventilación de termitas´.

Si nos acercamos aún más encontramos otro sistema de sistemas, las hormigas -y quizás especialmente las termitas- dependen, como sabemos, de la madera. Es de donde en parte obtienen el material para sus increíbles proyectos de construcción, pero también para su comida. Pero una termita individualmente no puede digerir la celulosa que encuentra en la pulpa de la madera. Por ello tiene en su estómago una flora intestinal de microbios unicelulares, que degradan la celulosa para la hambrienta hormiga. Ahora también está el problema de que estos microbios tan útiles para la hormiga tampoco son perfectos. Por ejemplo, no se pueden mover por si solos. En cambio, cada uno de ellos ha conformado un equipo con aproximadamente medio millón de bacterias que se encuentran sobre ellos moviendo sus colas, así que con 500.000 pequeños motores se tiene un buen inicio.

Estos útiles microbios por supuesto también deben tener energía, y para este fin conforman un equipo con otro tipo de bacteria que les proporciona la energía necesaria como pago por una provisión constante de comida que las hormigas procesan mediante los microbios en su estómago.

En efecto, es un sistema de sistemas en el piso del bosque.

El proyecto, tal como el hormiguero, es un sistema de sistemas –uno de sistemas vivos. El proyecto es un sistema vivo, una especie de vida artificial que existe junto con otros proyectos en el mundo de los "clientes" que necesitan el producto del proyecto como componente para otros proyectos, en una interacción compleja. En sus niveles inferiores el proyecto es un sistema complejo en sí mismo, hecho de agentes y relaciones con los participantes del proyecto en la siguiente capa, y luego sus departamentos, grupos o cuadrillas y empleados individuales... De forma que podemos hablar de una mezcla de vida natural y artificial.

El instituto británico Tavistock abrió este universo por primera vez científicamente en un estudio antropológico sobre la cooperación en los sitios de construcción en 1966 (2).

No consiguieron llegar hasta el nivel inferior con su encuesta, sin embargo encontraron que, en la rutina diaria, en principio había cinco capas en una organización, y que solo las tres superiores se mostraban en el organigrama de proyecto. Y en contraste, ¡eran las dos capas inferiores las que ejecutaban el día a día del proyecto!

Aquí hay algo que aún no comprendemos completamente, así que déjenme ir un paso más allá.

La logística social

Mi buen amigo y colega Sigmund Aslesen de la constructora noruega Veidekke ha introducido el concepto de ´logística social´ para describir el proceso de crear armonía y coexistencia en el proyecto. Aquí el concepto de mentalidad compartida -un entendimiento grupal común- se considera como algo esencial para la colaboración, algo que gradualmente crece durante la vida del proyecto, si es que todo va bien, pero que inmediatamente se desvanece al terminar el proyecto. Sigmund y yo llegamos a conocernos muy bien, cuando hace una docena de años desarrollamos el concepto Construcción Naviera sin Pérdidas para los astilleros de la costa oeste de Noruega. Sigmund es sociólogo, pero atrapó inmediatamente el concepto de Gestión de Proyectos sin Pérdidas, y juntos conseguimos increíbles mejoras de productividad en la práctica.

Hay toda una industria que vive para ayudar a crear esta mentalidad compartida. Básicamente, soy escéptico sobre su enfoque. Quizás soy demasiado viejo -más bien lo estoy- pero ya había tenido por demasiado tiempo la duda para cuando conocí a esta gente y sus ejercicios. Otros probablemente se sientan más seguros, pero tal como al enamorarse, esto no es algo que se pueda aprender, es en el trabajo diario que la cooperación se crea.

Sigmund no es tan complicado, él es una persona práctica, entrenador de fútbol en su tiempo libre y muy comprometido con los jóvenes de su club. Sabe relajarse y compartir una cerveza tras largos días en el astillero, y no menor, él comprende todos los dialectos noruegos que se hablan en la zona, donde yo debo disculparme por mi propio dialecto, llamado "danés", como siempre digo.

En lugar de hacer conversaciones en círculo y otros ejercicios de escuela Sigmund pronto se dio cuenta de la idea, cuando le mostré los problemas en el astillero, y él mismo ayudó a los trabajadores a ver el desperdicio y dar sugerencias.

Repentinamente algo que debería pasar pasó. La colaboración mejoró, la productividad aumento y los desperdicios se redujeron, y luego de algunas semanas el proyecto, para sorpresa de todos, estaba adelantado al programa, algo que de otra forma nunca se escuchaba, los proyectos siempre se estaban atrasando y el astillero debía gastar mucho dinero en para acelerar el trabajo y concluir en la fecha de entrega. Todo en un mercado sobrecalentado, donde los retrasos de los subcontratistas eran un problema frecuente.

Solo mirábamos el flujo, y ahí fue donde empezamos. Pero luego las ganancias se dispararon -el dinero simplemente entraba, porque tanto el tiempo desperdiciado, como los costos, bajaron. Los costos extras que introdujimos fueron mínimos, eran nuestros propios pagos, el sueldo del gerente de procesos asignado por el astillero -aunque él ya estaba allí, antes había trabajado por cronograma, pero ahora estaba reubicado-, algunos otros costos por reuniones de inducción y algunas otras inversiones menores tales como el arriendo del elevador de construcción para transporte vertical.

Todos estaban sorprendidos.

Un breve paréntesis para el arte de la guerra

Una profesión en la que nosotros los gerentes de proyectos raramente nos fijamos es el arte de la guerra. La guerra es, junto a la construcción, probablemente el proyecto más antiguo del mundo si es que ignoramos la formación de una familia, y existe mucho estudio y reflexión sobre la naturaleza de la guerra y su gestión. La frase: Ningún plan, sin importar que tan detallado sea nunca dura más allá de la primera reunión con el enemigo, que seguramente le suena familiar, ha sido conocido en el arte de la guerra por siglos. Algunos la atribuyen a Confucio (551-471 AC), otros al mariscal de campo de Bismarck, Helmuth Karl Bernhardt Graf von Moltke (1800-1891), el hombre que ganó las fatales guerras contra Dinamarca en 1864 y a quien por eso los daneses recordamos, y también al general Dwight D.Eisenhower (1890-1969), aunque en su caso con el dicho, los planes son nada, la planificación lo es todo.

En 2015, el hoy general norteamericano, Stanley McCrystal junto con algunos de sus colegas publicaron el libro ´Equipo de Equipos´ que para mí representa un nuevo y abrumador entendimiento del proyecto y de su gestión en un mundo complejo y dinámico (3).

McCrystal tiene como antecedente su gestión de las fuerzas norteamericanas en Iraq luego de la guerra, donde se luchó contra la rama iraquí de Al Qaeda. Aquí el ejército más fuerte del mundo, entrenado para la guerra del siglo 20, peleó contra un ejército distinto librando una guerra del siglo 21 -y estuvo cerca de perder. Durante su mando McCrystal cambio la mentalidad norteamericana hacia el principio de poder al límite, el cual delega las decisiones operativas y le proporciona a todos toda la información disponible.

El primer paso hacia esta forma de pensar común -una mentalidad compartida- es en mi propia experiencia de hablar amablemente y aprender a pedir disculpas. Lo siguiente es delegar lo más posible y confiar en el hombre en el frente de trabajo. Y finalmente aprender a aceptar errores -y usarlos para aprender, en lugar de castigar al pecador. La idea es crear una cooperación confiable sin malentendidos.

Sobre esto último vale la pena hacer una reflexión. Un entendimiento común no viene de los sermones, sino del trabajo en conjunto y de un pensamiento sincronizando en el día a día. Aprender a reconocer las expresiones faciales y gestos de los otros, lograr pensar de la misma forma, tal como lo vemos en las mejores familias.

Hal Macomber, un consultor norteamericano, me inició hace unos años en este método: Hacer y mantener promesas confiables, o en otros términos, ofrecer y mantener compromisos confiables.

Su idea era simple y lógica, y la he utilizado y verificado una y otra vez.

Básicamente la idea sugiere que un compromiso une más que una orden, pero que el compromiso debe ser establecido mediante el dialogo entre partes iguales, y en colaboración. Él incluso tiene una sintaxis para este dialogo, supongamos que hago una petición, tú me haces una oferta, la cual yo aceptaré o rechazaré. Luego tú reportas claramente de vuelta –ya sea cuando el trabajo esté terminado, o cuando ya no se pueda hacer tal como se había acordado. Así:

-Debemos elevar el andamio medio piso para poder instalar la ventana (pedido)
-Podemos hacerlo el lunes (oferta)
-¿Puede estar totalmente terminado el lunes? (clarificación)
-Bueno, con seguridad para el martes al medio día (precisión)
-OK, entonces tenemos un trato (aceptación)
-Y así usted, carpintero, puede empezar el martes luego de la hora de almuerzo,

Y aquí el dialogo continua con el carpintero sobre cuándo puede entregar el trabajo finalizado a la siguiente cuadrilla, y cuando a la próxima, para que por ejemplo la Inspección de Obra puede hacer su trabajo.

Es un acuerdo entre caballeros al mismo nivel, y por lo tanto no es una orden, y las promesas se cumplen si como trabajador competente es posible hacerlo. ¡Es parte del orgullo profesional!

Hace algunos años estábamos renovando las techumbres de los edificios de departamentos, construidos en 1970, en los que vivimos, y por muchas razones la temporada de construcción apropiada ya estaba muy entrada. La planificación y aprobaciones se habían atrasado, el otoño ya estaba terminando, cuando finalmente pudimos comenzar.

Era estúpido desde cualquier punto de vista, pero el techo tenía goteras, y el agua estaba filtrándose en los departamentos del último piso, así que era una elección entre la plaga y el cólera. No llamamos a licitación, solo le preguntamos a nuestro contratista usual, quien anteriormente ya había hecho trabajos de reparación, además durante la conversación también habíamos tenido sentado en la mesa a un ingeniero consultor especializado en techos, moldes y cosas como esas. Juntos encontramos la mejor solución técnica, y el contratista de techos calculó un precio, el cual nuestro ingeniero revisó y encontró justo. Yo añadí algo extra por las contingencias que sabía podrían suceder, la asamblea general de dueños dijo que si, luego de algo de debate, ¿no deberíamos conseguir una alternativa de mejor precio, se dijo?, pero yo dije que no, los techos y los tratamientos dentales son de la misma naturaleza, queremos un trabajo que dure.

Así que nos dimos la mano y comenzamos.

En el trayecto habíamos discutido por supuesto el tema de la temporada, aunque el acuerdo implicaba que ellos no deberían trabajar mientras estuviese lloviendo y que el techo debería quedar cubierto cada día después de las horas de trabajo.

El proyecto comenzó a mediados de noviembre y fue abordado con gran urgencia. Era el principio de la temporada con poco trabajo para los contratistas de techos y todos estaban muy interesados en este trabajo, que duraría pasando por la navidad, hasta febrero. Un tráiler se estacionó en el patio, pero también se instaló una cafetería en el vestíbulo frente a nuestra propia puerta, donde nuestra vecina de 95 años Gerda se hizo cargo del café de la mañana y de un trozo de su torta casera, a su vez, la asociación de dueños les ofreció refrescos y bebidas para el almuerzo antes de que Gerda se ocupara del café de la tarde.

Yo vivía justo en la puerta del lado, pero por un tema de principios, no interferí en el proceso, el cual nuestro ingeniero se encargaba de supervisar. Pero luego, como éramos los mismos los que estábamos allí todo el tiempo, los trabajadores ya sabían muy bien que estaban ´construyendo para Gerda, Sven y Sonja´.

Los problemas imprevisibles aparecieron por supuesto casi inmediatamente después de comenzar, pero en este caso yo era un cliente con dinero para contingencias en el presupuesto, donde los costos extras excusables eran pagados inmediatamente. Y créanme o no: Vinieron, pero solo aquellos que eran justificados, por lo que no hablábamos mucho sobre dinero, sino que nos concentramos en el proceso mismo.

En un principio se llegó al acuerdo de que se deberían remover las partes viejas, dañadas y agujereadas sección por sección, hasta llegar a la estructura de concreto y ahí nivelar las depresiones con asfalto líquido, y finalmente reponer la primera capa de techumbre, lo que nos devolvía un techo impermeable al final del día. Un ritmo fino, pero en su entusiasmo, empezaron un poco rápido la primera mañana y abrieron demasiado techo.

¡Ups! En la tarde descubrieron que no podrían hacerlo. Entonces le pidieron a su base que les enviara luminarias y estufas extra al lugar, de nuestra parte les enviamos pizzas, a las cuales les saltaron. A eso de las once P.M. lo cerraron y se fueron a casa cansados, pero el techo estaba terminado, y el ´cliente´-es decir Yo-, que había seguido todo el proceso con emoción, estaba feliz.

En la mitad del proceso nosotros como dueños invitamos a todos a una celebración de etapa superada en el cercano café Emil y usamos algunas de las reservas, porque se tiene que mostrar aprecio en el camino, si es que uno está satisfecho con el trabajo que se está haciendo.

Llegamos a apreciar a nuestros trabajadores, sentí que para ellos este era un buen lugar. Y en realidad pienso que gracias a ello obtuvimos un trabajo de mejor calidad.

El calendario se mantuvo, y el techo estuvo listo. Nuestra cuenta de calefacción bajó y todos estuvieron felices. Apostamos por una buena cooperación, y ganamos.

No estamos en el proyecto para engañarnos mutuamente, si es que tomamos el concepto de gestión de proyectos seriamente. Y mi experiencia es que tales acuerdos informales, por ingenuo que pueda sonar, a menudo llevan a un mejor valor por que crean cooperación en el día a día del proyecto, justo como lo sugiere el Último Planificador.

Por supuesto que a lo largo de los años ha habido personas que han intentado explotar mi ingenuidad. Pero han sido muy pocos en mi larga vida en la construcción. El contratista del techo lo dijo mejor, mientras almorzábamos invitados por él: Si todos los proyectos fueran como este, muchas filtraciones en los techos se podrían evitar.

Uno nunca debería comprar lo más barato, más bien siempre lo mejor, porque lo mejor es siempre lo más económico a largo plazo, lo dijimos en el NIRAS con un pequeño poema también llamado Gruk en danés- escrito por el poeta danés Piet Hein para nosotros.

Con mi traducción va así:

EL MEJOR CONSEJO

Un buen consejo puede ser caro,
Dice un adagio, que los tontos creen
Ah, que palabras tan viejas y vacías
  A menudo confías en el más intenso.
Escoge al relevo más sabio,
Cambia las palabras viejas por nuevas.
El consejo barato puede resultar caro.
Vale más la pena un buen consejo, pero,
  El mejor consejo siempre es el más barato.

1) Alberts, David S. and Hayes, Richard E: (2003): Power to the edge, command ... control ... in the Information Age. DoD Command and Control research Program, Washington, DC

2) Mc Crystal, Stanley; Collins, Tantum; Silverman, David; and Fusell, Chris (2015): Team of Teams: New Rules of Engagement for a Complex World. Portofolio/Penguin

3) Tavistock Institute (1966): Independence and Uncertainty – A study of the Building Industry, Tavistock Publications, London

El proyecto viviente

Los problemas ocurren y los proyectos pueden ser gestionados, pero las personas deben ser lideradas

EN 1995 SONJA Y YO VIAJAMOS alrededor del mundo estudi-
ando los procesos de construcción en otros países. El viaje que
fue financiado por una inesperada beca subvencionada por la
Fundación Marta y Paul Kerrn Jespersen, nos abrió los ojos.
Con la ayuda de Hans Jørgen Larsen Director del Instituto
Danes de Investigación en Edificación, nos reunimos con las
personas más fascinantes de la industria en los países que
visitamos, y en todas partes fuimos recibidos con los brazos
abiertos y un gran interés en nuestro estudio.

Les diré que este tipo de viajes puede ser una renovación
para todo el resto de la vida. Estábamos en ese momento al
final de nuestros 50s y aún abiertos a nuevas ideas, y estas
fueron vertidas sobre nosotros. Una de ellas fue el ´Partn-
nering´ (Asociación), sobre la cual escuchamos primero en
Estados Unidos, pero mucho más en Australia.

El concepto sonaba excelente y parecía ser la solución que estábamos buscando, y al volver a Dinamarca la puse en primer lugar en el debate sobre la baja productividad del sector de edificación. La idea fue tomada como una solución rápida y fácil pero nadie se tomó el tiempo para reflexionar sobre ella. Tampoco lo hicieron nuestros colegas australianos, como lo aprendí cuando nos vimos de nuevo unos años después.

Es una de esas ideas que -como dice Winnie the Pooh- suenan bien en tu cabeza, pero no funcionan fuera de ella, y lo dice mientras cuelga del globo de Jacobo afuera del panal de abejas con la miel en las manos.

Mi entendimiento hoy es que no hay soluciones simples para un proyecto complejo, donde la cooperación es la clave para una mejor productividad, aunque todo lo demás se resiste a ello. La cooperación funciona -incluso estando enamorado, que es cuando la aventura todo lo puede-, pero ni así es admitida en el proyecto. El precio más bajo es el grito de guerra, y el precio más bajo es lo que obtenemos. Incluso si había otras compañías que hubiéramos preferido que participaran en el proyecto.

Ya deberíamos habernos dado cuenta que la suma de los precios más bajos no resulta en los costos más bajos -es más bien todo lo contrario-. Los precios más bajos nos conducen a la sub-optimización y a los cuellos de botella, mientras que el flujo se torna poco confiable, todos pierden y los reclamos crecen continuamente, lo cual a su vez destruye la cooperación, mientras la economía se escapa de nuestro control. Un estudio norteamericano indicó que los contratistas basan sus cálculos en un flujo cuya confiabilidad- el PPC- es de 50%. Esto significada que cada segunda tarea del plan semanal no se ejecutará como fue planeada –algo que muy precisamente se condice con lo visto en la práctica- así que probablemente es cierto. Esto derrota, y por mucho, a la baja confiabilidad del servicio de trenes y pone la precisión de muchos proyectos muy por debajo de los pronósticos meteorológicos.

La solución es quizás una mejor colaboración y cooperación, algo también sugerido por el ´Partnering´, pero la co-operación debe ser construida verticalmente, de abajo hacia arriba, confiando y entregando responsabilidad a quienes tienen las botas puestas.

Los sistemas pueden ser controlados pero los humanos deben ser liderados

Mientras más me pregunto sobre esta nueva forma de comprender al proyecto y el nuevo enfoque a su gestión, más reconozco que tal vez no se trate de controlar el proyecto, sino de liderar a los participantes en la realización del proyecto.

Hace algunos años mi buen amigo y colega Sigmund Aslesen lo denominó logística social en su sonoro noruego. Otra muy buena descripción que he conocido para este término sería entendimiento común o mentalidad compartida.

El consultor de gestión británico Alan Mossman, cuando discutimos el concepto, lo llamo el octavo flujo, aunque según mi comprensión no es tan así. Yo lo veo más bien como una mentalidad compartida creada a partir de un proceso social que sostiene el manejo del flujo en el proyecto. La unidad y el entendimiento mutuo debe crecer por si mismos tal como el amor, debemos preocuparnos los unos por los otros y experimentar la alegría de crear algo significativo a través del proyecto.

Preferiría decir que la logística social es un producto derivado de un buen proceso de edificación. ¡Debería ser entretenido para todos participar y trabajar en un proyecto rebelde!

Pero para que eso suceda, en mi experiencia, el proyecto debe construir su propia cultura, de la misma forma en que lo hacen las buenas compañías, las asociaciones y especialmente las familias. Se debe tener comprensión, lenguaje y comportamiento compartidos que sostengan la colaboración y la unidad, incluso cuando el caos amenaza, cuando todo se está quemando y los críticos están muy seguros.

La construcción de una mentalidad compartida, por

derecho propio, es una tarea muy importante.

Pero ¿Hacemos eso?

Desde mi perspectiva hacemos justo todo lo contrario y nos esforzamos todo lo que podemos para impedir este enfoque. Todo nuestro proceso tradicional de selección de participantes para el proyecto está basado en la desconfianza. Esto se refleja claramente en las a menudo cientos de páginas de contratos; en las minutas de reuniones interpretadas como documentos legales y con los tribunales en mente; con los participantes buscando vacíos legales en las bases del contrato, para ofrecer un precio más bajo, ganarlo y luego aprovecharse del cliente con estos vacíos.

Como clientes ciertamente nosotros mismos compramos buena parte de nuestros problemas.

Esto de ninguna manera es un fenómeno danés. En la práctica orientada al reclamo en Estados Unidos la situación es incluso peor. Aquí el proceso de edificación está prácticamente ahogado por documentos que consumen todo el tiempo de los gerentes de mando medio que más bien deberían estar asegurando la productividad. Porque uno puede ser llevado a los tribunales con reclamos indignantes, si es que un formulario extraño no ha sido completado a tiempo. El papeleo está constantemente reemplazando la solución de los problemas reales. Siento que en Dinamarca quizás avanzamos por la misma pendiente resbalosa. Durante las licitaciones, cada postor y especialmente los que ganan, pasan una gran cantidad de tiempo buscando los vacíos en las bases contractuales en lugar de buscar el mejor proceso.

Y esto está sucediendo en todos los niveles, desde el contrato principal hasta la elección del último trabajador búlgaro. El precio más bajo suena como el grito de guerra en el sitio de la obra, donde pocos nos atrevemos a detenernos y pensar ¿habrá un mejor precio?

Si olvidamos las hojas de cálculo de nuestro departamento

financiero y las argucias de nuestros abogados y en su lugar traemos el flujo a la foto, veremos una situación muy diferente. Si podemos crear cooperación y flujo confiable muchas ganancias estarán esperando. Menores tiempos de construcción, menos errores, mayor seguridad y sí, créalo o no, una economía mucho mejor.

Todo debe estar a bordo

Para hacer todo esto, necesitamos compromiso en todas partes de la organización, empatía e interés por el progreso del proyecto, y estos se deben alcanzar entregando responsabilidad, fomentando mejoras, creando sentido de propiedad y cooperación. Pero no sin una razón, a la Construcción sin Pérdidas se la ha llamado una ´asociación desde la base´, donde de otra forma esta asociación solo ocurriría en los escalones superiores de la organización. El Último Planificador nos provee de tal cooperación, y es típico que los trabajadores inmediatamente se adueñan de él cuando se lo introduce. Tuve la misma experiencia una mañana hace quince años, cuando presenté estas ideas en una reunión con el sindicato danés de trabajadores de edificación. Las ideas calaron hondo, ellos se unieron inmediatamente a la causa, algo sobre lo que varios de mis colegas extranjeros se han preguntado, porque para ellos los sindicatos son un oponente.

Pero para nosotros en Dinamarca estos nuevos principios calzan perfectamente en el exitoso modelo danés de acuerdo de cuadrillas. El último Planificador, no solo proporciona un mejor flujo, sino que también genera satisfacción por el trabajo, un mejor ambiente laboral y mejores rendimientos en las cuadrillas. Y por supuesto también está el tema de la seguridad mejorada.

¿Seguridad? Desafortunadamente hay pocos datos al respecto, pero los que tenemos para enseñar, indican que el promedio de accidentes baja dramáticamente, muy seguido se reducen a la mitad solo con asegurar la confiabilidad del flujo, es decir permitiendo que solo las tareas que las mismas cuadrillas consideran factibles procedan y se incluyan en el plan de trabajo semanal. Luego simplemente sucede, y mientras mejor nos entendemos unos a otros, más seguido sucede. Con el derecho a decir No, estamos entregando una gran responsabilidad, y en mi experiencia esta se recibe con similar seriedad. Los pocos resultados que obtenemos son citados frecuentemente en trabajos científicos, son algo que se hace notar.

Al pasar de los años he aprendido que la mayoría de las cuadrillas adoran trabajar de manera independiente, y que mi problema como líder ha sido tratar de mantener iniciativas muy ambiciosas bajo control, de la misma forma que mis colegas lo hicieron conmigo en los años en que me excedía. El tema es que los sistemas complejos y dinámicos se están moviendo por sí mismos hacia un estado crítico en el límite del caos donde ellos operan de manera óptima, lo cual es de hecho lo que queremos que hagan.

Tal como mi instructor de equitación me dijo sobre cómo el caballo debe ser llevado caminando aunque listo para pasar a galope o trote: ¡tienes que empujar y jalar!, que es como en lo personal, siento a un buen proyecto. Debe estremecerse con energía, ideas e iniciativa, y como gerente de proyectos uno debería cuidadosamente regularlas, pero al mismo tiempo estimular más iniciativa.

El enfoque del Último Planificador funciona en la mayoría de los casos: Construye confianza, crea confiabilidad, delega, entrega responsabilidad, y acepta los errores que ocurren, si es que queremos trabajar al borde del caos.

Los problemas suceden

En nuestra fe cristiana se nos enseña a considerar los errores como pecados y que todo lo que queramos hacer, debe ser un exitoso. Recuerdo le conmoción mental que me causó cuando un buen amigo y dirigente scout me contó de su tesis de maestría en ingeniería eléctrica, en la que estaba investigando si un nuevo método para medir la resistencia eléctrica podría ser usado en la práctica, y como había encontrado que no era posible. Yo lo vi como un fracaso, pero él apuntó a que si las pruebas no fallaran de tanto en tanto, no eran pruebas, y que realmente aprendió más de sus errores que de sus éxitos.

Ese día aprendí mucho.

Luego encontré que esta sabiduría era uno de los secretos detrás del sistema de producción de Toyota: Ellos tratan los errores de una manera diferente a nosotros en el oeste. Nuestro departamento de finanzas allá en el primer piso considera el error como un costo y simplemente lo anota en el lado rojo del balance. Cuando nosotros nos equivocamos nos avergonzamos, intentamos olvidarlo y barrerlo bajo la alfombra, tal como lo dijo alguna vez un primer ministro danés.

¿Pero cuánto perdemos con esta actitud? Si en lugar de esto viéramos a nuestros errores como activos -como inversiones en un mejor proceso y sus respectivas y necesarias pruebas- podríamos obtener un capital de conocimiento y experiencia para sostener más desarrollo. Si hay un error, deberíamos parar y buscar la causa raíz. Después deberíamos removerla, para que el error no vuelva nunca más. Solo de esta manera, podríamos esperar ser ejemplares, tal como argumenta Shigeo Shingo.

Es la misma idea detrás del PPC en el Último Planificador, es decir una búsqueda de confiabilidad, no de pecadores, para mejorar en conjunto.

Los errores siempre suceden, eso debemos aceptarlo. Tal como también debemos aceptar que los eventos improbables ocurrirán en nuestro proyecto. El principio de improbabilidad se aplica en todas partes en un sistema dinámico y complejo. Lo improbable siempre sucederá, es casi una ley de la naturaleza.

Permítanos por ello utilizar nuestros errores para aprender -y para que todo el mundo evite tentarse a generar más reglas y sistemas de control para evitarlos. Los errores son como la maleza, siempre encontraran un camino para rodear nuestros obstáculos, y es solo a través del hombre en el frente de trabajo como podemos combatir estos errores, y luego aplicar el consejo de Shigeo de encontrar y eliminar la causa, para que el error no vuelva a ocurrir.

Lo cual de todas maneras ocurrirá en el complejo mundo del proyecto, especialmente cuando el flujo se torna hacia un estado turbulento –uno caótico.

O si factores externos comienzan a interferir.

Mantén tus manos alejadas

Cuando algo parece no trabajar como debería en el delicado sistema del proyecto, y se encuentra tambaleándose en el borde del caos, solo se necesita una pequeña y despistada interferencia, para terminar en un caos total.

Por tanto, mi consejo es detenerse, respirar y tranquilamente encontrar la causa de la situación crítica. No hay que gastar mucho tiempo, pero si pensar antes de actuar, y tomarse el tiempo para escuchar al hombre en el frente de trabajo.

Un buen enfoque es a menudo el encontrar el flujo crítico, es decir, aquel que es la raíz de nuestros problemas. Con este objetivo uno tiene un enfoque lógico para resolver el problema, es decir seguir ese flujo particular hacia atrás y encontrar el cuello de botella que probablemente es el causante. Luego tan solo será necesario ´liberar´ el cuello de botella, usualmente al evidenciarlo y hacer que los involucrados mismos hagan algo al respecto. En otras palabras, se debe ayudar a que el mismo sistema encuentre su camino para salir de la crisis.

En un hormiguero una gestión vertical nunca va a funcionar.

Fortalece la cultura y crear compromiso

Si el cliente no debe intervenir cuando las cosas parecen descarrilarse, entonces ¿cuál es su rol?

En primer lugar, y lo más importante, es proveer un marco de referencia para que las cosas sucedan y el proyecto pueda efectuarse, y luego de eso es estimular a los participantes a comprometerse con el proyecto.

Mucha gente dirá, suena bien, pero ¿puede hacerse en el mundo real? Si se puede, lo que he visto una y otra vez en durante los últimos años en Dinamarca. El proceso de construcción de la arquitectónicamente hermosa casa del escultor Bjørn Nørgaard en Bispebjerg Bakke es un ejemplo, la asociación de viviendas Fruehøjgaard en Herning es otro y afortunadamente la lista crece todo el tiempo, así que hay luz al final del túnel, a pesar de que aún resta un largo camino por recorrer.

Ve y mira

En el concepto de Toyota -el cual he evitado utilizar hasta ahora, porque nosotros no hacemos autos sino proyectos, y porque solo lo conozco por sus interpretaciones occidentales- una parte es Gemba -es decir el lugar donde las cosas se llevan a cabo. En nuestra interpretación occidental significa sal al terreno y mira cómo se está efectuando el trabajo. Y se trata de un consejo que doy una y otra vez cuándo explico estas ideas. Solo ve y mira que está ocurriendo en tu propio proceso de producción. Deja de concentrarte solo en el trabajo con valor agregado, y evalúa aquel que no debería ocurrir, es decir el desperdicio. Observaciones sorprendentes surgirán, un verdadero buffet para un proceso de mejoramiento.

Recientemente participe como ´coach´ en un gran proyecto. Nuestro proceso de planificación incluía reuniones durante varios días, y cada día la hora de almuerzo estaba marcada por la gran fila en el buffet. Todos esperaban pacientemente, En algún momento hice una pregunta: ¿Qué no está funcionando aquí? ¿Por qué simplemente no podemos recibir nuestra comida y empezar a comer?

Hubo varias propuestas que discutimos con la comida en la boca, así y el concepto de flujo empezó a ser comprendido. Al día siguiente, hice que el buffet se alejara un metro de la pared y ¡sorpresa!, ahora los hambrientos participantes fluyeron hacia la misma mesa de buffet, pero con el doble de capacidad. La fila de los días previos se derritió como escarcha bajo el sol, y los participantes pudieron ver que incrementar la capacidad de flujo de un sistema es a menudo muy barato y fácil si uno le presta atención a las congestiones.

El monstruo de frankenstein

Ya he hablado varias veces sobre el proyecto como un sistema complejo, y he apuntado a la teoría de la complejidad como un inicio. Una teoría que, a medida que se desarrolla en el instituto de Santa Fe de Nueva México, es increíblemente inspiradora y provocadora. Así que, ¿qué tal si intentamos ver el proyecto rebelde como una vida artificial?

Solo inténtelo. Pienso en el proyecto rebelde como en un ser vivo creado por el hombre, tal como el monstruo de Frankenstein, algo creado por nosotros mismos, puesto a trabajar, y que ahora se nos está escapando. Si dejamos de lado nuestro pensamiento racional, nos tranquilizamos y miramos en perspectiva a este monstruo que hemos creado y que tiene forma de proyecto, puede que de hecho se vea como un sistema vivo. Y no solo un sistema vivo como un árbol en el jardín, sino más bien como un verdadero sistema viviente.

Muchos de los videojuegos que encontramos hoy en día son vida artificial. Tienen habilidad propia para desarrollar, aprender y exhibir nuevos e impresionantes patrones.

La industria farmacéutica utiliza estas mismas ideas en sus investigaciones sobre los efectos de nuevas drogas. El mundo financiero, que siempre tiene mucho dinero disponible y es rápido en responder a nuevas ideas, también ha visto este tema como algo interesante, tal como testifica su masivo compromiso con el instituto de Santa Fe, así que probablemente hay algo de verdad en la idea.

En mi sexto ensayo, el Proyecto Autónomo, describí el proyecto como un sistema de sistemas, vinculado a otros proyectos en una red infinita de sistemas, usualmente con múltiples sistemas que interactúan entre sí en cada una de sus capas. Al mismo tiempo que esta simbiosis se desarrolla, y que en muchos aspectos recuerda a un sistema vivo, la pregunta es, si es así como deberíamos comprender a un proyecto. Cuando utilizo la palabra rebelde, es porque también percibo al proyecto como algo vivo por derecho propio. No me refiero a la vida que le añade cada participante, más bien el proyecto en sí mismo.

Con el fin de crear algo, este organismo vivo cumple una función en una organización mayor junto a otros organismos artificiales semejantes. Luego de cumplir con su fin, muere, y sus partes son por así decirlo absorbidas por otros proyectos. El organismo en sí mismo es complejo y dinámico. No solo en su funcionamiento, también en su habilidad para renovar e incorporar nuevos sistemas, mientras que otros, que ya no tienen tareas que realizar, son repelidos.

En otras palabras tenemos un mundo de producción ordenado, y un caótico mundo de innovación y renovación en la forma de un flujo de nuevos proyectos que están vivitos y coleando.

Vida artificial

La vida artificial es una ciencia que hoy está floreciendo en muchos lugares alrededor nuestro. Brevemente, es un enfoque para el estudio de los sistemas vivos a través de simulaciones de computadora. Los primeros intentos fueron probablemente los del matemático inglés John Conway con su Game of Life en 1970.

Él creó en su computadora un único patrón bidimensional, sobre la vida y la muerte de células en una red, y luego dejó que el sistema se desarrollara generación tras generación solo con dos simples reglas: Una célula viva sobrevive si tiene dos o tres vecinos vivos; una célula muerta despierta si tiene exactamente tres vecinos vivos. Y solo con esto, todo un universo completo se desplegó en la pantalla. La programación del sistema es trivial, nosotros lo escribimos y ejecutamos en un viejo VIC 20, y dependiendo del estado inicial las secuencias más increíbles se revelan.

Antes de la primera conferencia científica sobre vida artificial en Los Alamos Nueva México en 1987, Craig Reynolds presento algo más sofisticado, un algoritmo que simulaba un montón de pingüinos animados en la película Batman Returns. Nuevamente eran reglas bastante simples, pero funcionaban. Presentó en la conferencia el programa denominado ´Boids´ que él había desarrollado, y que simula una bandada de pájaros dirigidos por dos simples reglas: Sigue a las demás y evita volar contra ellas o contra cualquier otro obstáculo.

Posteriormente, el trabajo ha seguido con sistemas similares, donde reglas simples gobiernan la interacción entre el individuo y sujetos artificiales con increíbles resultados. Una forma obvia de estudiar el proyecto, ¿acaso no es el proyecto al final del día una forma de vida creada por el hombre?

Habla amablemente con tu proyecto

Después de uno de mis cursos sobre Construcción sin Pérdidas, un participante se acercó y mencionó, que lo que yo había dicho le recordó algunas ´palabras importantes´ utilizadas en su compañía. Eran citas de Peter Kiewit, un ingeniero británico propietario de Kiewit Construction, y estas eran:

La palabra menos importante es
Yo

La palabra más importante es
Nosotros

Las dos palabras más importantes son
Muchas gracias

Las tres palabras más importantes son
Con su permiso

Las cuatro palabras más importantes son
¿Cuál es tu opinión?

Las cinco palabras más importantes son
¡Hiciste un muy buen trabajo!

Las seis palabras más importantes son
Admito que he cometido un error

Pienso que estas 22 palabras son el camino para una mejor gestión del proyecto rebelde.

Una nueva ciencia

Esto concluye mis especulaciones sobre el proyecto rebelde, pero de ninguna forma resuelve nuestros problemas con este fenómeno. La gran mayoría de nuestra producción -luego de que la producción industrializada ha sido subcontratada hacia el este, o asumida por robots- está presumiblemente pasando a ser una producción basada en proyectos. No he podido encontrar datos precisos en el caso de Dinamarca en esto, pero tengo la firme convicción de que es así.

A luz de esto, el proyecto es una forma de producción, extrañamente descuidada, que nos está costando mucho. En estos siete ensayos he intentado describir cómo desperdiciamos mucho dinero y perdemos mucho valor, debido a nuestro pobre entendimiento del proyecto y por tanto a nuestro primitivo enfoque para su gestión.

No es que nos falte guía en la gestión de proyectos. Tenemos abundantes libros de textos, cursos y ofertas de consultoras. Pero falta una comprensión más profunda de la naturaleza del proyecto. Tal como me dijo un profesor Australiano hace algunos años, la gestión de proyectos, como la enseñamos hoy en las universidades, es un tema que flota en el aire sin una teoría apropiada.

De hecho puede que este sea el problema. Porque en la ausencia de una comprensión más profunda basada en teoría sólida, el proyecto para la mayoría de las personas permanece como una simple secuencia de operaciones, donde el desafío únicamente es efectuarlas en el orden correcto y al menor costo.

Tal como lo veo, un paso importante en el camino hacia un nuevo entendimiento del proyecto es reconocer al estudio de proyectos y a la producción por proyectos como una nueva ciencia, cuya teoría se derivará de muchas otras ciencias.

Esto nos lleva directo a mi siguiente consideración, definir quién debe encargarse de establecer esta nueva ciencia. Inicialmente es tentador pensar en alguna institución que ya se encuentre involucrada en la gestión de proyectos, por ejemplo, alguna relacionada con la ingeniería de construcción o con las escuelas de administración.

Sin embargo, ninguna de estas se ha percatado siquiera de la necesidad, no han tenido iniciativas en esta dirección. Permanece también como una pregunta, si es que esta nueva ciencia debería ser establecida libre de alguna ciencia tradicional en particular o de algún sesgo relativo a la industria. Esta ciencia de proyectos tendrá una gran relevancia para muchos otros sectores de nuestra sociedad y en los negocios, que están haciendo uso de la producción por proyectos -el mundo de la tecnología de la información, la Industria farmacéutica, la organización de eventos, la producción cinematográfica, el diseño de modas y muchos otros.

Pero somos nosotros en la construcción, al ser uno de los actores con la mayor experiencia en proyectos, a quienes naturalmente nos toca dar la patada inicial. Tal vez deberíamos intentar un enfoque completamente diferente, inspirado por el instituto de Santa Fe, el cual como he señalado varias veces, pese a su modesto tamaño, en pocos años, ha construido un ambiente profesionalmente poderoso e inspirador para el estudio de sistemas complejos, y ha ganado influencia internacional. Esto ha ocurrido principalmente al reunir científicos líderes de diversas disciplinas -a menudo ganadores de premios Nobel- en un ambiente creativo, en sus primeros años en un monasterio, un tipo de refugio a donde los científicos de todos los Estados Unidos llegaron por un tiempo, trabajaron, discutieron, caminaron por el desierto que lo rodea, ocasionalmente bebieron una cerveza o dos, y eliminaron muchas de las preguntas de las dos cervezas.

Cuando leí sobre el instituto, me recordó mucho lo que paso en el instituto de Niels Bohr en Copenhague a inicios del siglo 20.

A pesar de los modestos alrededores ellos estaban meditando sobre ideas geniales.

Aunque de ninguna manera soy tan ambicioso. Pero experimenté algo similar, aunque en una escala más mundana, cuando la asociación de ingenieros consultores daneses (FRI) en los 90s bajo el liderazgo del carismático director Tage Draebye (1943-2013) estableció grupos de trabajo con los miembros para discutir temas relevantes para la sociedad. Durante muchos años la asociación fijó la agenda para el desarrollo de la industria de la construcción, y muchos miembros y no miembros se sumaron con gran entusiasmo.

Mi visión para Dinamarca es que podamos, de manera semejante, establecer un instituto multidisciplinario internacional para desarrollar una nueva comprensión sobre los proyectos a través de cooperación que cruce fronteras -y a través de pruebas y desarrollo proveamos un nuevo entendimiento y nuevas herramientas para aumentar aún más la productividad de nuestros proyectos. No solo para la construcción, sino además para muchas otras industrias desde la investigación hasta las producciones teatrales, desde los sistemas de información hasta el desarrollo de productos.

No se trata de instituto académico que de por si debe investigar, se trata más bien un centro en el que de una forma apropiada se pueda reunir a participantes e investigadores de nuevas formas. Tal vez un proactivo, dinámico y creativo, ´think tank´ que a través de publicaciones, lecturas, talleres de trabajo, seminarios y conferencias pueda fomentar un cambio mental en las muchas ramas de la sociedad que producen empleando proyectos.

Agradecimientos

Este libro ha estado en proceso de creación por muchos años y hay muchos que, de manera directa o indirecta, han contribuido a estos siete ensayos. Esto debido a la naturaleza del proceso, y muchas veces estas ideas emergieron durante clases, conversaciones con colegas y no menos con estudiantes, en los mullidos sillones de mi oficina en Holte, un espacio de trabajo poco tradicional creado 100% para reflexionar, no para reuniones.

Muchas de mis ideas fueron garabateadas detrás de una hoja reciclada, que luego -a menudo tarde en la noche- eran refinadas en pensamiento coherente, para publicarlas en uno de mis blogs de viernes por la noche, o para almacenarlas en una pila junto con otras ideas, a la espera de un libro como este.

Aprecio de gran manera estas conversaciones, que casi siempre me han dado nuevas preguntas para pensar, y no tendría nada que hacer sin ellas.

Sin embargo, hay otros con los que he tenido conversaciones más estables, especialmente los tres mosqueteros, mis buenos amigos: Greg Howell, Glen Ballard y Lauri Koskela. Los cuatro nos reunimos cada martes en la tarde para conversar en Skype, lo cual ha sido una gran inspiración para mí. Y en particular, no es menor mi gratitud para con Glen Ballard por pacientemente estar conmigo en el largo camino que fue ordenar mis pensamientos y ponerlos en papel.

También hay muchos otros excelentes colegas, que he conocido en mi trabajo profesional, que me han inspirado y aún gatillan nuevas ideas. No son menos los recientes proyectos de construcción en el campus de la Universidad Técnica Danesa que fueron una fuente de mucho aprendizaje, con buenas experiencias y algunas malas de tanto en tanto. Espero poder ver a la DTU en los roles de universidad y de un cliente extremadamente profesional que puede jugar un rol en la industria de construcción danesa al desarrollar una nueva comprensión del proyecto e inmediatamente probar las ideas a gran escala. He visto a Sutter Health en California hacer esto durante una docena de años durante la construcción y desarrollo de un proyecto del mismo tamaño que el programa –actualmente en marcha- de super hospitales en Dinamarca.

La Asociación para la Construcción sin Pérdidas - DK me recibió amablemente cuando les pedí ayuda para la edición final y publicación de la versión danesa de estos ensayos. El en aquel entonces presidente, el dinámico Randi Muff Christiansen, comentó mi manuscrito y encontró el financiamiento necesario en la fundación Realdania. Trajo a mi editor danes Poul høgh Østergaard al proceso, por lo que estoy muy agradecido. Ciertamente, fue un salto cuántico para el libro. Poul logró en una serie de muy largas entrevistas en los sillones de mí oficina, durante muchas tardes de lunes hacerme hablar, clarificar mis pensamientos y finalmente escribir el libro. Y con Poul llegó también Claus Lynggaard que de manera muy profesional transformo mi forma de escribir.

Gracias a todos ustedes.

Y finalmente, esta Sonja como siempre. Cuando publique mi libro anterior Seminaris, hablando sobre La Física de los Proyectos le prometí que no escribiría más libros. Pero estos ensayos no eran un libro cuando comencé el proyecto. Eran mis notas de una serie de conversaciones, clases y apuntes que escribí en el camino de vuelta a casa desde mis reuniones como un compendio para tener a mano, pero en el camino ocurrió lo que a menudo sucede en los sistemas complejos, algo inesperado surge. Simplemente emerge tal como a menudo se le denomina en la teoría de la complejidad.

Y afortunadamente Sonja, de quien he estado enamorado por medio siglo, aceptó este trabajo y desde entonces pacientemente ha comentado sobre muchos de mis tan vagamente escritos pensamientos. Ella también ha aceptado que una vacación tras otra haya sido invertida sentado tras el computador escribiendo, en lugar de tener actividades más normales.

En otras palabras, le debo un gigantesco gracias a los muchos que me han ayudado a traer mis pensamientos al mundo. Ahora solo espero que otros los reciban y tal vez encuentren inspiración para proseguir con estas ideas. Porque me encuentro lejos de alcanzar el final.

Holte, noviembre 2015
Sven

Por último, pero no menos importante, quiero expresar mi afectuoso agradecimiento a Luis Fernando Alarcón Cárdenas, mi amigo y colega del IGLC, Profesor Titular de la Universidad Católica de Chile, por la traducción y edición de la versión en Castellano. El Profesor Alarcón es uno de los fundadores de Lean Construction, ya que ha participado en forma continua en IGLC desde la primera conferencia en 1993, y a través de los años nos ha permitido disfrutar de un flujo continuo de interesantes e inspiradores artículos producto de su investigación.

Holte, mayo, 2018
Sven

SVEN BERTELSEN

Nacido en 1937, con un máster en ingeniería civil en 1961, Sven Bertelsen ha pasado toda su carrera profesional entre los proyectos. Por cuarenta años como ingeniero consultor en NIRAS – una consultora danesa líder, donde por veinticinco años fue el socio mayoritario, encargado de una buena cantidad de los proyectos más grandes de la organización, incluyendo el rol clave de NIRAS en el exitoso establecimiento del sistema danés de abastecimiento de gas natural.

Hoy su nombre esta ante todo y principalmente conectado con su trabajo en el International Group for Lean Construction (IGLC por sus siglas en Inglés) donde él, desde finales de la década de 1980, ha contribuido sustancialmente en el desarrollo de la teoría, donde sus ideas sobre la comprensión del proyecto como un sistema complejo, dinámico y adaptable han logrado reconocimiento internacional.

Sven Bertelsen introdujo Lean Construction en Dinamarca y fue cofundador del Lean Construction Institute-DK, del cual se convirtió en el primer miembro honorario el año 2014.

www.ingramcontent.com/pod-product-compliance
Lightning Source LLC
Chambersburg PA
CBHW072013230526
45468CB00021B/1321

* 9 7 8 1 7 2 2 4 1 5 8 4 6 *